DE LA PELLAGRE

EN ITALIE

ET PLUS SPÉCIALEMENT DANS LES ÉTABLISSEMENTS D'ALIÉNÉS

d'après des observations recueillies sur les lieux,

PAR

LE Dr E. BILLOD,

médecin en chef de l'asile public d'aliénés de Ste-Gemmes-sur-Loire
(près Angers).

RAPPORT

À Son Excellence le Ministre de l'intérieur.

ANGERS

IMPRIMERIE DE COSNIER ET LACHÈSE

CHAUSSÉE SAINT-PIERRE, 13

—

1860

DE LA PELLAGRE

EN ITALIE

ET PLUS SPÉCIALEMENT DANS LES ÉTABLISSEMENTS D'ALIÉNÉS

d'après des observations recueillies sur les lieux,

PAR

LE Dr E. BILLOD,

médecin en chef de l'asile public d'aliénés de Ste-Gemmes-sur-Loire
(près Angers).

RAPPORT

À Son Excellence le Ministre de l'intérieur.

ANGERS

IMPRIMERIE DE COSNIER ET LACHÈSE

CHAUSSÉE SAINT-PIERRE, 13

1860

DE LA PELLAGRE

EN ITALIE

ET PLUS SPÉCIALEMENT DANS LES ÉTABLISSEMENTS D'ALIÉNÉS

D'APRÈS DES OBSERVATIONS RECUEILLIES SUR LES LIEUX.

RAPPORT

A Son Excellence le Ministre de l'intérieur.

MONSIEUR LE MINISTRE,

En m'accordant, par sa dépêche du 19 janvier 1859, l'autorisation de me rendre en Italie, pour y compléter mes recherches sur la pellagre dans ses rapports avec l'aliénation mentale, Votre Excellence ayant bien voulu m'inviter à lui rendre compte à mon retour, du résultat de mes recherches, j'ai l'honneur, pour me conformer à ses instructions, de lui soumettre le rapport ci après.

J'ai réuni dans ce rapport les observations auxquelles je me suis livré ou que j'ai pu recueillir tant dans le cours de mon dernier voyage que dans le cours de celui que j'avais entrepris en 1846. Le but que je me propose dans ce nouveau travail étant, par une étude comparative de la vraie pellagre considérée comme type et de l'affection incidente à l'aliénation mentale admise comme variété, d'apprécier le degré d'analogie qui peut exister entre ces deux espèces morbides, et de me prononcer, s'il y a lieu, sur leur identité de nature, je crois inutile de faire observer que l'étude dont il s'agit supposait un examen préalable des caractères de la pellagre en général et abstraction faite de tout rapport avec l'aliénation mentale, ce qui explique le caractère général en même temps que spécial de mes observations.

Pour cet exposé de mes recherches sur la pellagre en Italie et plus spécialement dans les établissements d'aliénés, je procéderai du midi au nord, c'est-à-dire que, commençant par le royaume des Deux-Siciles et remontant successivement vers le nord, je finirai par la Vénétie, la Lombardie, le Piémont et la Savoie (ancienne délimitation),

ROYAUME DES DEUX-SICILES.

La pellagre, on le sait, est inconnue aussi bien dans la Sicile que dans le royaume de Naples.

Aucun cas d'aliénation mentale par suite de pellagre n'a été signalé dans les établissements d'aliénés de ces deux pays.

Pendant un court séjour que je fis à Naples, au mois de juin 1846, le Dr Achille Vergari, médecin du grand hôpital des prisons de cette ville, a bien voulu appeler mon attention sur un malade de son service qui présentait les symptômes les plus manifestes de la pellagre et dont il a publié l'observation dans l'*Esculape Napolitain*, fascicule de juillet 1847. Mais il s'agissait évidemment là d'un cas de pellagre sporadique comme on peut en observer de temps à autre dans les contrées les plus indemnes de toute endémie pellagreuse.

Quant à l'asile d'Aversa que j'ai visité en compagnie des docteurs Miraglia et Tarsitani, je puis dire, en recueillant bien mes souvenirs, que je n'ai constaté parmi ses habitants aucune trace d'érythème pellagreux ou pellagroïde, et, pour le dire en passant, l'immunité dont me paraissent jouir sous ce rapport les pensionnaires de cet établissement ne laisserait pas que de m'étonner, eu égard à l'intensité notoirement plus grande de l'action solaire à laquelle ils sont soumis, si elle n'était susceptible de s'expliquer en partie parce que l'usage de la sieste auquel les aliénés sont soumis comme tout le monde en ces pays où la chaleur est si accablante, a pour effet de les soustraire à l'insolation dans les heures de la journée où elle s'exercerait avec le plus d'intensité, et parce que les conditions hygiéniques propres à un tel milieu, excluent l'influence d'un élément qui nous a toujours paru jouer un rôle dans la production des accidents pellagreux, je veux parler de l'humidité.

ÉTATS DE L'ÉGLISE.

La pellagre n'est pas moins inconnue à Rome que dans le royaume des Deux-Siciles.

Lors de mon séjour dans cette ville en mai 1859, un

cas de pellagre venait d'être observé à l'hôpital San-Gallicano; mais, de même que celui qui m'avait été signalé dans l'hôpital des prisons de Naples, ce cas était essentiellement sporadique, et l'étonnement qu'il a causé à nos confrères de Rome m'a fourni la meilleure preuve de la rareté de la pellagre dans la capitale des Etats Romains et dans les campagnes environnantes.

Mon ami M. le Dr Grana m'a affirmé, du reste, que dans la montagne de la Sabine (de même que dans les Abruzzes), la pellagre n'est pas moins inconnue bien que les paysans fassent un usage habituel et presque exclusif du maïs, et que les marais Pontins eux-mêmes sont exempts de cette endémie.

Le résultat de mes informations à l'établissement des aliénés de Rome dut donc être absolument négatif sous le rapport de la pellagre primitive à l'aliénation mentale. Il ne le fut pas moins sous celui des altérations de la peau de forme pellagreuse qui paraissent être ailleurs consécutives à cette même aliénation mentale.

Toutefois, dans la visite rapide que j'ai faite de cet établissement, j'ai pu me convaincre que, si l'érythême pellagreux ou pellagroïde y faisait défaut, les malades n'y étaient pas exempts de cet état de cachexie que j'ai décrit dans un mémoire récent comme spécial et propre aux aliénés. Je dois reconnaître, à la vérité, que les aliénés qui m'en ont paru atteints n'étaient pas aussi nombreux que sembleraient le comporter les déplorables conditions hygiéniques de l'établissement, et, sous ce rapport, on ne saurait trop louer la sollicitude du médecin qui, luttant de toutes ses forces contre une telle influence, parvient à la neutraliser à ce point.

Ajoutons, pour être juste, que le Souverain Pontife,

loin de méconnaître la fâcheuse situation des aliénés de
Rome, la déplore le premier et a décidé en principe la
construction d'un autre établissement à Frascati, à laquelle seront consacrées les premières ressources dis-
ponibles sur le budget. Disons encore qu'en appelant
à la direction médicale de Rome le Dr Gualandi, fils de
l'honorable médecin de l'asile de Bologne dont il avait
été à même d'apprécier le mérite pendant son épiscopat
à Imola, il avait déjà donné une preuve réelle de sa
sollicitude pour les aliénés. L'auteur de ce rapport qui
avait visité l'établissement des aliénés en 1846, a été
heureux de constater à son dernier voyage des amélio-
rations qui ne le rendraient plus reconnaissable.

PÉROUSE. — La province de Pérouse ne jouit pas de
la même immunité que Rome sous le rapport de la
pellagre. Il résulte même des renseignements qui me
sont fournis par le Dr Bonucci, directeur-médecin de
l'hôpital des aliénés de Ste-Marguerite, à Pérouse, un des
plus dignes représentants de notre spécialité en Italie, auteur d'un traité très remarquable de pathologie mentale,
que lorsque cette affection commença à apparaître dans
la province, elle y prit immédiatement les proportions
d'un véritable fléau. « Cette apparition, ajoute notre
honorable confrère, ne fut précédée ni d'une augmen-
tation de la quantité de maïs employée aux usages ali-
mentaires, ni d'une modification en mal de la qualité
de ce grain qui abonde dans nos campagnes. Si le maïs
est pour quelque chose dans le développement de la
pellagre, il semble qu'il ait besoin pour cela du concours d'autres causes. Dans cet ensemble de causes il
y a toujours un côté mystérieux, comme pour beaucoup d'endémies, et, par exemple, pour le crétinisme.

Aucun des éléments sensibles de cette étiologie ne peut, pris à part, rendre compte du résultat. Outre ceux que j'ai notés dans mon rapport, j'ai eu trois autres pellagreux (deux femmes et un homme). Dans les antécédents de tous j'ai constaté des souffrances physiques et des *douleurs morales* qui, je n'en doute pas, ont coopéré au développement du mal. Chez tous la pellagre a été antérieure à l'aliénation ; mais je ne puis dire de combien de temps elle l'a été. Cependant, voici un fait qui, s'il était certain, serait une exception à cet égard. Il y a trois ans, une femme atteinte de manie fut amenée à l'hôpital de Ste-Marguerite où les médecins d'alors ne consignèrent, relativement à elle, aucun symptôme de pellagre (il est vrai qu'ils avaient très peu la pratique de cette maladie). Quoiqu'il en soit, elle guérit alors et resta pendant trois ans dans un état parfait de santé, d'après ce qu'on m'a raconté. Dans ces derniers jours elle fut ramenée ici, aliénée et offrant sur le dos des mains cet érythême et cette dégénérescence de la peau particuliers à la pellagre. En outre, elle présentait un léger degré de démence, une paralysie commençante des jambes et quelques idées de richesse, comme dans la paralysie progressive ; mais, elle n'avait ni cet embarras dans la parole ni ce désordre dans l'action musculaire, qui sont propres à cette affection. Elle n'avait pas non plus de diarrhée. On ne pourrait guère dans ce cas révoquer en doute que l'altération pellagreuse ait été postérieure à la première atteinte de folie, car, si la pellagre eût été antérieure à cette atteinte, un intervalle de trois ans de santé parfaite serait chose bien extraordinaire. Du moins, c'est ainsi que j'apprécie le fait, quoique je n'aie pu avoir encore une grande pratique des pellagreux. Ce qui me paraît encore remarquable dans ce fait, c'est l'*union de la démence et de la paralysie pellagreuse avec quelques symptômes de la paralysie progressive.*

» En général, l'état mental des pellagreux est la démence quelquefois accompagnée d'idées délirantes. De deux pellagreuses mortes dans mon service, l'une fut ouverte et son autopsie a été mentionnée dans mon rapport, l'autre est décédée pendant que j'étais malade et l'autopsie n'en a pas été faite.

» Je n'ai pas remarqué, comme conséquence de l'aliénation, d'autres altérations que celles de la peau; mais, désormais, je redoublerai de soins dans mes recherches.

» Pérouse, 9 mai 1859. »

Pésare. — La délégation d'Urbin et de Pésaro, dont Pésare est le chef-lieu, est, de même que la délégation de Pérouse, décimée par la pellagre. C'est surtout dans la partie montagneuse de cette province, sur les confins de celle de Forli, qu'elle exerce ses ravages.

Les renseignements transmis à notre honorable confrère le Dr Giuseppe Girolami, médecin-directeur de l'asile des aliénés de Pésare et consignés par lui dans un mémoire sur la pellagre dans la province d'Urbin et de Pésare, publié en 1853, s'accordent à placer la cause de cette affection dans l'abus de l'alimentation par le maïs, favorisée dans ses effets morbifiques par l'influence d'une topographie spéciale et par les privations qu'engendre la misère.

C'est ainsi que le Dr Tintori, médecin à Monte Grimano, en rapportant l'histoire d'un aliéné envoyé par lui à l'hospice San Benedetto et affecté de pellagre, ajoute que près des deux tiers de la population devenaient tributaires de cette terrible affection dont le développement lui paraît devoir être attribué à l'alimentation à peu près exclusive par le maïs, jointe aux autres effets d'un régime alimentaire trop restreint.

- Le même fait est confirmé par le Dr Giuseppe Azzaroli qui fait coïncider les développements de la pellagre à Monte Grimano avec l'introduction de la culture du maïs dans le pays, il y a cinquante ans à peine, et qui voit dans l'abus du vin une cause adjuvante.

Sans perdre de vue que la pellagre est une compagne inséparable de la misère, ce même médecin croit que l'imparfaite maturité du grain par des raisons topographiques et la facilité avec laquelle il s'altère, par suite, dans les lieux étroits et mal adaptés où on le conserve, contribuent beaucoup à la production de cette endémie, et il termine en disant qu'à Monte Luciano, à Monte Attaveglio, à Ripalta, à Valle di Teva, à Castello di Monte, à Valle S. Anastasio et à Monte Maggio où il a plus ou moins rencontré la pellagre, il n'est parvenu à la guérir que chez les individus qui ont pu changer leur mode d'alimentation. Un autre médecin, le Dr Fabrini, fait intervenir, pour l'explication des quelques cas rares de pellagre qui s'observent à San Giovanni in Marignano, l'insalubrité des habitations, la mauvaise qualité de la nourriture et l'insigne malpropreté des habitants.

Le Dr Francesco Bartolucci explique plus particulièrement la présence de la pellagre à Monte Colombo par l'influence combinée de l'usage continuel du maïs et de certaines eaux saumâtres et corrompues qui stagnent au pied de certains monticules incultes et stériles. San Giovani in Marignano et Monte Colombo ne sont pas, il est vrai, dans la province de Pesaro, mais ils se trouvent sur les confins.

Le Dr Bucci, médecin à St-Léon où la pellagre est peu fréquente, ne croit pas à l'influence unique et exclusive du maïs, et fait intervenir concurremment la misère et toutes les privations qui l'accompagnent.

Il observe avec raison que les individus qui font du maïs leur seule nourriture sont d'ordinaire des gens misérables, condamnés à toutes sortes de privations, aux plus laborieux exercices du corps, au manque des vêtements nécessaires, à la malpropreté et à l'insalubrité des habitations, toutes conditions dont l'influence ne saurait être contestée.

Il n'y a pas de pellagre à Mercatello, d'après le Dr Guizzardi, qui attribue cette immunité à la salubrité de l'air, à l'abondance des comestibles de toutes sortes et à l'usage très restreint du maïs.

Il ne paraît pas y avoir d'indice de pellagre à Gradava, à Catholica, Cartoceto, Saltara, Bargni, Monte Maggiore, S. Angelo, Ginestreto, Monte Ciccardo, Monte Giudoccio, Monte Gridolfo et Colbordolo. Il n'en a été que très rarement observé à Mondamo, à Saladoccio et à Tavoleto.

Dans le dernier compte-rendu de notre honorable confrère Girolami, je vois figurer la cachexie pellagreuse comme cause de mort chez deux aliénés de l'asile San Benedito, mais, dans ces deux cas, la pellagre était sans doute primitive à l'aliénation mentale.

Provinces de Macerata et d'Ancône. — N'ayant pu me rendre à Macerata et à Ancône, villes de l'Etat Pontifical où existent des établissements d'aliénés, ni correspondre avec les honorables confrères chargés de leur direction médicale, les renseignements me font défaut, relativement à la pellagre, dans les provinces dont ces deux villes sont les chefs-lieux, mais j'ai lieu de penser qu'ils seraient négatifs.

IMOLA. — Il n'en est pas de même d'Imola, petite ville de la légation de Ravenne.

J'extrais d'une note qui m'a été transmise par le Dr Cassiano Tozzoli, médecin-directeur de l'asile des aliénés de cette ville, petit établissement à l'organisation duquel avait concouru Pie IX, pendant qu'il était évêque d'Imola et dont Sa Sainteté m'avait dit quelques mots, les passages suivants :

« La pellagre règne depuis bien longtemps dans nos provinces et s'y observe particulièrement dans les endroits montagneux où les habitants se nourrissent presqu'exclusivement de maïs. Chez nous, la cause de cette maladie n'a pas encore été bien déterminée, mais on y est porté à croire que la pellagre dérive d'un concours de causes parmi lesquelles se font surtout remarquer une alimentation insuffisante, le manque de vin, une eau malsaine et l'influence de l'insolation.

» La moyenne des pellagreux qui entrent chaque année dans notre établissement est de 10 à 12 sur 80 aliénés.

» L'aberration mentale se manifeste le plus souvent dans la 3e année de la maladie et sous forme de manie avec tendance au suicide.

» Jamais la pellagre n'est apparue chez nos aliénés qui, avant leur entrée, avaient toujours été exempts de cette maladie. »

PROVINCE DE FERRARE. — Me souvenant d'avoir vu quelques aliénés dans l'établissement de Ferrare que je

visitai en 1846, accompagné du regrettable docteur
Magnezzi, qui en était alors directeur-médecin, j'avais
le projet de me rendre à Ferrare dans mon dernier voyage et de m'y livrer pendant quelques jours à l'étude
de la pellagre. L'état de guerre ne me l'ayant pas permis, je crus devoir y suppléer en écrivant au docteur
Gambari qui dirige le nouvel établissement des aliénés
de Ferrare (1) pour lui demander quelques renseignements, et je suis heureux de pouvoir reproduire ici une
partie de la réponse qu'a bien voulu me faire cet honorable confrère :

« Il y a beaucoup de pellagreux dans la province de
Ferrare. Ils sont répandus dans toutes les communes
dè la province.

» L'alimentation par le maïs y est en usage chez les
paysans. Pendant l'automne, l'hiver et une partie du
printemps, la bouillie de maïs est leur principal aliment.

» Pour exposer les motifs de mon opinion sur les
causes de la pellagre, il me faudrait plus de place que
ne m'en laisse ce papier. Peut-être le ferai-je dans
une autre occasion. Cependant, je dirai ici que le blé
de Turquie est la cause principale de cette maladie,
selon moi.

» D'autres causes viennent concourir au développement
de la pellagre, mais elles seraient impuissantes à produire l'affection pellagreuse si les individus ne se nour-

---

(1) L'ancien établissement formait un quartier dépendant de l'hôpital de Ferrare, dans lequel se trouve, comme on sait, l'ancien ca-
chot du Tasse. Les aliénés en ont été évacués dans le nouvel établissement pour lequel on a approprié un ancien palais, le 1er no-
vembre 1858.

rissaient pas de bouillie faite avec la farine du blé de Turquie. J'ai beaucoup de faits qui viennent à l'appui de mon opinion ; mais je ne peux les rapporter ici.

» Je ne puis indiquer la proportion qui existe entre les pellagreux qui deviennent aliénés et ceux qui ne le deviennent pas, par la raison que je ne connais pas le nombre des pellagreux et que tous les aliénés pellagreux ne viennent pas dans notre établissement.

» L'époque à laquelle la folie se présente chez les pellagreux est variable. J'ai observé des fous pellagreux qui étaient atteints de la pellagre depuis fort peu de temps, lorsque la folie a fait son apparition chez eux. J'ai vu des individus ne devenir aliénés que dans la dernière période de la pellagre, j'en ai vu qui comptaient deux, trois et même quatre années d'affection pellagreuse lorsqu'ils ont perdu la raison.

» Les formes d'aliénation que j'ai observées chez les pellagreux sont les suivantes : la manie aigüe ou chronique, la lypémanie, la stupidité et la démence.

» Ici on fait les autopsies et on examine toujours la moëlle épinière de tous les aliénés. Quant au ramollissement de la moëlle épinière observé par vous chez les pellagreux, je ne partage point votre opinion, parce que ce ramollissement bien loin d'être particulier aux fous pellagreux est commun à tous les aliénés (1).

» Sur 73 autopsies, j'ai trouvé 26 fois le ramollissement

____

(1) On a vu dans le mémoire que nous avons publié dans les Archives de médecine sur la cachexie des aliénés, que nous nous sommes rallié à l'opinion que le ramollissement ne s'observait pas exclusivement dans les cas où les symptômes de la pellagre avaient été plus ou moins manifestes, tout en pensant qu'il ne s'observe qu'exceptionnellement dans les autres cas.

de la substance blanche de la moëlle de l'épine qui, dans quelques points, chez certains individus, était réduite en bouillie. Sur 7 pellagreux ce ramollissement existait, partiel chez 6, général chez un seul en état de marasme et offrant de l'œdème des extrémités inférieures. Le marasme se voyait sur trois ; le marasme sur un seul, comme je l'ai déjà dit, était uni à l'œdème ; chez deux on trouvait le deuxième degré de la phthisie ; le septième cadavre avait de l'embonpoint. Aucun d'eux n'avait présenté de paralysie ni des membres, ni de la vessie, ni du rectum.

» Les forces avaient été amoindries chez les phthisiques, commes elles le sont toujours dans les cas d'épuisement extrême. Chez les autres les forces s'étaient conservées et particulièrement chez cclui dont la nutrition avait été normale presque jusqu'à la fin. En outre, chez les autres pellagreux nous n'avons trouvé aucun ramollissement de la substance blanche de la moëlle épinière, bien que leur cerveau présentât ces altérations propres aux pellagreux et qui s'observent également à l'autopsie des aliénés ordinaires, surtout de ceux qui sont en état de démence. Ces altérations pathologiques se montraient principalement dans les circonvolutions cérébrales avec épanchements séreux plus ou moins abondants dans les deux ventricules latéraux. Nous avons encore observé dans ces cas l'épaississement et l'injection de quelques points de l'arachnoïde et même de toute cette membrane, ainsi que l'adhérence ou partielle ou générale de l'arachnoïde avec la pie-mère. — Dans les 19 autres cas où j'ai constaté le ramollissement de la moëlle épinière dans différents de ses points, mais non dans sa totalité, les malades avaient été affectés de diverses for-

mes d'aliénation : 1 de manie aigüe, 2 de manie chronique, 4 de démence simple, 3 de démence avec paralysie générale, 2 de monomanie, 4 de lypémanie, 3
d'idiotie. — Ces malades étaient morts : 8 de phthisie
tuberculeuse des poumons, 3 d'hémorrhagie cérébrale,
2 de pleurésie, 2 de pneumonie, 2 de gangrène du
poumon, 2 enfin de marasme. On ne peut pas dire
que la consomption extrême de ces individus ait été la
cause du ramollissement de la moëlle, car les phthisiques n'étaient pas tous arrivés au dernier degré d'é-
puisement; ceux dont la paralysie avait amené la mort
étaient bien nourris, ceux qui étaient morts de pneumonie et de gangrène du poumon offraient un embonpoint suffisant.

» De tous les faits qui précèdent, il résulte que le
ramollissement de la moëlle épinière n'est le caractère
ni propre ni exclusif de la folie pellagreuse, mais
qu'au contraire ce ramollissement est un caractère
anatomique fréquent de l'aliénation mentale en général.

» Je ne possède aucune observation d'aliéné entré
non pellagreux et qui ait été pris de la pellagre pendant son séjour dans l'établissement. J'ai vu presque
toujours la position des pellagreux s'améliorer dans
notre hôpital, excepté de ceux qui, arrivés au troisième
degré de l'affection, étaient atteints de diarrhée chronique. Au printemps quelques-uns offraient sur le dos
des mains de légères traces de cet exanthème propre
à la maladie dont ils étaient affectés d'une manière bien
plus caractéristique à l'époque de leur entrée. La pellagre ne s'est montrée dans l'établissement chez aucun
paysan arrivé non pellagreux. La légère apparition de
l'exanthème dont j'ai parlé n'a jamais eu de rapport de

correspondance avec le délire. Je n'ai pas vu que le soleil, aux rayons duquel nos pellagreux sont exposés, lorsqu'ils peuvent travailler, ait développé sur les mains, sur la poitrine, sur le visage et sur les autres parties du corps qui restent découvertes, cet exanthème, comme il le développe dans les campagnes, lorsque son action se joint à l'influence de la bouillie de maïs.

» Je n'ai observé non plus aucun rapport entre cet exanthème et la diarrhée ; cependant les fonctions des voies digestives sont la plupart du temps troublées chez ceux dont l'exanthème est plus étendu. »

PROVINCE DE BOLOGNE. — Les renseignements me manquent sur la pellagre à Bologne et dans toute l'étendue de la Légation dont cette ville était le chef-lieu, les circonstances ne m'ayant pas permis, comme j'en avais le projet, de visiter de nouveau cette partie de l'Italie. Tout ce que j'ai retenu du voyage que j'ai fait en 1846, c'est que le docteur Gualandi fils, aujourd'hui médecin en chef de l'établissement de Rome, qui me montrait l'asile de Bologne en l'absence de son père, m'a signalé plusieurs pellagreux qui venaient, m'a-t-il dit, des collines et plaines avoisinantes dans une circonscription de 20 à 25 kilomètres. Il s'en présentait alors d'avril à septembre environ 60, nombre relativement considérable.

TOSCANE. — Avant de faire connaître le résultat de mes dernières investigations dans l'ex-capitale de la Toscane, je ne crois pas sans intérêt de reproduire ici un extrait de quelques notes que j'avais recueillies dans mon premier voyage en 1846.

Les premières observations sur la pellagre en Toscane ne remontent qu'à 1780.. C'est seulement à cette époque que le docteur Chiaruggi de Florence a fait imprimer une monographie aussi précise qu'érudite sur cette maladie. Elle règne au *nord-ouest* de la Toscane, au pied de la chaîne centrale des Apennins, sur une superficie de 228 milles carrés toscans, formant la vallée dite de Mugello, belle et délicieuse contrée, d'un climat tempéré, entrecoupée de collines aussi agréables que nombreuses, fertile et produisant en abondance et sans efforts de culture des fruits de toutes sortes.

En remontant vers le sommet, cette même maladie se rencontre dans presque toute la partie orientale des Apennins formant ce qu'on appelle la Romagne toscane, sur une étendue d'environ 530 milles carrés toscans où se trouvent les territoires de Bagno, de Santa Sophia, de Galeata, de Portico, de Rocca, de S. Carciano, de Doravola, de la terre du Soleil, de Tredozio, de Modigliana, de Palazuolo, de Firenzuola. Le climat de la Romagne toscane, comme celui de Mugello, est très sain. Les eaux potables y sont toutes de bonne qualité. La pellagre s'y montre plus grave et plus particulièrement mortelle que dans le Mugello, ce qui tient probablement à ce que la misère y sévit avec plus de force.

Beaucoup de pellagreux toscans sont soignés dans un hôpital à Modigliana. Beaucoup d'autres, et particulièrement ceux qui proviennent de Mugello et d'une partie de la Romagne, sont transportés à l'hôpital des maladies de la peau à Florence. Le professeur Cipriani, alors chargé de ce service, m'affirma, lors de ma visite, que presque tous les malades qu'il avait observés jusqu'à ce jour avaient fait un long usage du maïs, mais que parmi les observations qu'il a recueillies pendant deux ans, il y a *six individus qui n'ont jamais fait usage de cette farine et 14 dont la nourriture a toujours été excellente*, n'ayant usé que modérément de cette farine et que concurremment avec la viande et le vin.

Les pellagreux de Mugello, m'assura M. Cipriani, vivent longtemps. Il est commun de voir des habitants de ce pays vivre avec la maladie 10 et 15 ans. Sur le quart d'entr'eux, pendant 5 ou 6 ans, la pellagre affecte d'une manière absolue le type intermittent. Ils deviennent malades en mai, restent souffrants pendant tout l'été et jouissent d'une santé parfaite pendant tout l'hiver. A en juger par l'observation des malades traités à l'hôpital de Florence, le nombre de ceux qui finissent par devenir fous doit être bien faible.

Sur 200 malades dans le cours de trois ans, 7 seulement passèrent de l'hôpital des maladies cutanées à l'hôpital des aliénés. Sur ces 200 mêmes malades, 2 seulement tentèrent de se suicider, l'un d'eux en se précipitant du haut d'une terrasse.

A l'hôpital des maladies de la peau, où ordinairement les pellagreux sont envoyés pour y être traités par les bains, on n'observe guère que le 1er et le 2e stade de la maladie. Il est rare d'y observer le 3e stade. Dans le 1er stade se voit toujours l'éruption caractéristique dite action solaire (*gettatura solare*), l'érythème pellagreux. Mais cette altération du derme des pellagreux est loin de s'observer aussi constamment dans le 2e stade. Dans quelques cas elle est nulle ou à peine appréciable. Quelquefois, après un délai de 30 à 40 jours, M. Cipriani a vu, indépendamment de l'action solaire, apparaître sur le dos des mains les signes caractéristiques de la pellagre.

2

Dans la visite que je fis à cette époque de l'hôpital des aliénés, le professeur Bini, l'éminent chef de ce service, signala à mon attention quatre cas de pellagre qui lui semblaient être survenus dans l'intérieur de l'établissement sans que les malades en aient présenté aucune trace antérieurement à leur admission.

Chez l'un d'entr'eux, par exemple, la pellagre s'était déclarée dix ans après l'entrée de l'aliéné dans l'établissement.

Dans les dernières entrevues que j'ai eues avec lui, M. Bini m'a fait connaître que sa manière de voir s'était modifiée à l'égard de ces quatre cas, mais dans un sens encore plus conforme, s'il se peut, à mes propres opinions. Notre confrère admet avec moi l'existence d'une cachexie spéciale et propre aux aliénés dont les analogies avec la cachexie pellagreuse lui ont paru telles que pendant longtemps il a pris quelques-uns des aliénés qui en étaient atteints pour de véritables pellagreux. Tels étaient les quatre cas qu'il m'avait antérieurement cités.

M. Bini a eu occasion d'observer assez souvent, surtout dans les années 1857 et 1858, ces affections herpétiques de forme circinnée que M. Girard nous a signalées et que nous-mêmes avons constatées un assez grand nombre de fois. Il les a observées plus particulièrement chez les femmes et il lui a semblé qu'elles étaient contagieuses, car plusieurs femmes, qui n'en présentaient aucune trace au moment de leur entrée, en étaient atteintes quelques jours après.

Il n'existait à l'asile des aliénés, au moment de ma visite, aucun cas de pellagre primitive ou consécutive à l'aliénation mentale, mais ayant appris qu'à l'hôpital

des maladies de la peau il y en avait deux cas bien caractérisés, je m'empressai de les aller examiner. Les
observations que M. Michelozzi, aide de la chirurgie et
de la chaire des maladies de la peau, a bien voulu me
communiquer de ces deux cas, me paraissant offrir
quelqu'intérêt, je crois devoir les reproduire ici.

« Observation 1re — N... Rose, fille d'Alexandre et
de Marie, âgée de 27 ans, nubile, paysanne de Bagno
(Romagne toscane), entrée à l'hôpital pour la première
fois.

Elle affirme que depuis 7 ou 8 ans, dans la saison
d'été, elle est sujette à l'érythème pellagreux sur le
dos des mains, sans qu'aucune fonction importante ait
jamais été lésée d'une manière appréciable.

Il y a huit mois environ est survenue une brusque
suppression des règles. Elle eut de la fatigue dans les
membres, devint pâle et fut tourmentée par une sensation de faim très intense ; de plus, un premier degré
de maigreur se montra chez elle avec une légère infiltration séreuse de la face. Tantôt elle avait la diarrhée,
tantôt elle était constipée de la manière la plus opiniâtre ; mais elle n'éprouvait rien de maladif du côté du
système nerveux.

Ces symptômes ont persisté avec plus ou moins
d'intensité depuis cette époque jusqu'à l'entrée de cette
fille.

Chez elle les phénomènes cutanés sont particulièrement marqués sur le dos des mains et aux angles des
lèvres ; ils sont à peine sensibles à la partie supérieure
de la région sternale et manquent complétement sur le
dos des pieds qu'elle a tenus constamment couverts. La
nourriture de cette paysanne fut toujours composée de

bouillie et de pain fait exclusivement avec de la farine de maïs, de *viande en abondance et de vin*. Une livre de lait avec six onces d'une décoction de quinquina constitue actuellement le traitement curatif. Ensuite nous avons recours à l'emploi des bains et des préparations martiales. Nous espérons par ces moyens rappeler notre malade à un état suffisant de santé. Si, une fois sortie, il lui est possible de vivre éloignée des causes qui ont développé chez elle le premier degré de la pellagre, peut-être recouvrera-t-elle sa première fraîcheur et restera-t-elle définitivement guérie.

Obs. 2. — N... Thérèse, mariée à Louis, ayant trois fils, âgée de 26 ans, paysanne de Dovadola (Romagne toscane), entrée à l'hôpital pour la seconde fois.

Il y avait environ trois ans que s'étaient manifestés les premiers signes extérieurs de la pellagre, lorsque l'année passée elle fut prise à l'improviste de délire maniaque et conduite à notre hôpital.

Là, outre le délire, nous observâmes immédiatement chez elle une diarrhée très intense, un trouble remarquable dans les actions, de la cardialgie, une maigreur très sensible. La glace appliquée à la tête et une potion avec 20 gouttes de laudanum diminuèrent le délire ; un scrupule d'ergotine répété pendant plusieurs jours modifia la diarrhée.

Le refus obstiné de la part de la malade de prendre des aliments obligea pendant trois jours de suite à avoir recours à la sonde œsophagienne ; ensuite elle consentit à manger et à boire. Le délire disparut peu à peu.

Enfin, dans l'espace d'environ trois mois, par les moyens ordinaires toniques et corroborants, elle recouvra une santé suffisante et fut renvoyée au lieu de son domicile. Là, elle devint bientôt enceinte et accoucha à terme d'un enfant bien constitué (1).

Dans le cours du mois passé, elle fut de nouveau ramenée à Ste-Lucie, parce qu'elle avait été reprise, il y avait un mois environ, de diarrhée avec diminution des forces et délire maniaque.

Dès son arrivée on lui appliqua la glace sur la tête et on lui administra une potion avec un demi drachme de laudanum ainsi que seize grains d'ergotine.

Après six jours le délire ayant diminué, on enleva la glace et on réduisit la dose de laudanum. Au bout de dix jours la diarrhée cessa et l'ergotine fut supprimée. Pour le reste, l'érythème pellagreux noirâtre et borné au dos des mains avait été peu manifeste, le marasme avait été peu avancé, mais la dépression de la circulation avait été presque continuelle.

Actuellement, cette femme est assez tranquille, elle dort, et, bien que de temps en temps un peu loquace, elle répond assez raisonnablement aux questions qu'on lui adresse ; elle a un désir très vif de retourner dans sa famille et mange très volontiers, surtout des viandes rôties. A la campagne sa nourriture se composa toujours exclusivement de bouillie de maïs et de pain très noir, fait avec de la farine de maïs et de vesce.

Florence, le 11 avril 1859. »

Le lecteur aura sans doute relevé dans la première observation cette particularité, suivant nous fort remarquable, que le sujet avait toujours eu du *vin et de la viande en abondance* ; et dans la deuxième, que le délire survenu trois ans après la première atteinte de pella-

(1) On a signalé la fréquence de l'avortement chez les pellagreuses.

gre, sans que l'état cachectique soit encore bien prononcé, a marqué toutes les atteintes subséquentes et
qu'il a revêtu le caractère maniaque, sans prédominance d'idées, et non pas celui de la lypémanie religieuse avec penchant au suicide par submersion qui
distingue d'ordinaire le délire pellagreux.

Je dois encore à l'obligeance de M. Michelozzi les
renseignements ci-après sur la pellagre en Toscane.

Le nombre des malades pellagreux qui, de toutes les
parties de la Toscane, viennent pour être traités à l'hôpital de Ste-Lucie, varie annuellement de 150 à 200 par
année. Ils entrent particulièrement du mois de mai au
mois de septembre, rarement plus tôt. Les deux malades
que nous avons observés au moment de notre visite le
9 avril 1859, étaient donc en avance sur l'époque pré-
citée.

Le chiffre des pellagreux va en augmentant dans l'hôpital, parce que la maladie s'étend avec une grande ra-
pidité dans le pays, tandis qu'autrefois elle était presqu'exclusive à la basse Romagne et au Mugello.

C'est surtout depuis le choléra de 1855 que la pellagre a pris cette extension en Toscane. Cette épidémie
a laissé après elle un affaiblissement de la constitution
qui a dû favoriser le développement des accidents pellagreux ou plutôt l'action des causes spéciales de la
pellagre.

A propos de cette épidémie et bien qu'il soit étranger
à la question qui nous occupe, notons un fait curieux que nous a signalé le docteur Bini : c'est que
le 5 mai 1854 commença dans l'asile des aliénés une
épidémie de diarrhée qui a duré une année et que l'année suivante, jour pour jour, c'est-à-dire, le 5 mai

1855, éclatait l'épidémie de choléra qui a frappé le quart de la population.

En général, chez les malades admis à Ste-Lucie, les phénomènes cutanés sont beaucoup moins marqués que ceux de la cachexie pellagreuse et il n'existe jamais aucun rapport de proportion entr'eux. Parmi ces derniers se font surtout remarquer, d'abord les troubles du côté du tube digestif, ensuite l'appauvrissement du sang, les accidents scorbutiques, le marasme, enfin les symptômes du côté de l'axe cérébro-spinal.

L'épidémie de choléra qui, en 1855, désola la Toscane, sévit particulièrement sur les pellagreux, et un très grand nombre de ces malheureux en furent les victimes. A Ste-Lucie il ne se trouvait alors que neuf pellagreux, 3 hommes et 6 femmes.

Dès l'apparition du choléra dans l'établissement, tous ces pellagreux en furent atteints dans un court espace de temps et tous succombèrent rapidement. Dans l'année qui suivit l'invasion du choléra, le chiffre des pellagreux entrés à Ste-Lucie fut moindre; mais, bientôt après, ce chiffre fut celui que nous avons indiqué plus haut.

La manière dont les pellagreux finissent peut se résumer ainsi : 1º Quelques-uns succombent; 2º d'autres, leur délire ayant passé à l'état chronique, sont envoyés à l'établissement d'aliénés, mais ce cas est rare; 3º il en est chez qui le phénomène cutané a disparu tant bien que mal, mais qui conservent un certain degré de cachexie. Ceux-là sont dirigés sur l'hôpital de Ste-Marie-Nouvelle, et s'ils y acquièrent une amélioration, sont renvoyés chez eux; 4º ceux qui restent sans obtenir aucune modification avantageuse dans leur état sont placés dans la division des chroniques, si la mort ne les a pas auparavant enlevés ; 5° enfin, les malades qui obtiennent une guérison durable ou passagère, c'est à dire une validité apparente, sont renvoyés dans leurs foyers où ils retrouvent les mêmes causes qui ont primitivement altéré leur santé et sont repris le plus ordinairement par la pellagre.

Je ne puis, enfin, passer sous silence ce fait qui vient ajouter encore aux analogies de la cachexie des aliénés avec la pellagre et qui résulte de mes informations, que le caractère de l'altération de la peau qui est le plus ordinairement squammeux ne l'est pas toujours exclusivement, et que concurremment avec l'érythème on observe soit des papules, soit, mais plus rarement, des vésicules et des pustules.

La Toscane possède encore les deux établissements de San Nicolo à Sienne et de Frigionaia près de Lucques. Mais les renseignements qui m'en parviennent relativement à la pellagre tant primitive que consécutive à l'aliénation, sont négatifs. Ces établissements sont d'ailleurs d'une faible importance, la population n'y dépasse pas 130 aliénés. (1)

ÉMILIE.

PROVINCE DE MODÈNE. — Le duché de Modène était également compris dans l'itinéraire que je m'étais tracé avant de partir, mais mon but était beaucoup moins

(1) A propos de la Toscane, je ne puis passer sous silence l'ouvrage remarquable publié en 1856 sur la pellagre par le Dr Morelli, de Florence.

d'y recueillir des documents relatifs à la pellagre, que je savais n'y être pas trop répandue, que de visiter l'asile des aliénés de Reggio, un des plus recommandables de l'Italie.

N'ayant pu voir du duché de Modène que la petite portion que traverse la route de la Spezia à Pise, je ne puis que me reporter à mon voyage de 1846, et que reproduire l'extrait suivant d'une note qui m'a été transmise dans le temps par le digne Dr Galloni, alors médecin-directeur de l'établissement des aliénés de St-Lazare, à Reggio.

« L'établissement de St-Lazare, qui est à deux kilomètres de la ville de Reggio sur la route de Modène, comprend une superficie de 150 arpents arrosés de petits ruisseaux serpentant dans les prairies. L'air y est doux et salubre dans toutes les saisons de l'année.

» Les champs qui l'environnent sont riants, bien cultivés et traversés de petites allées plantées et formant de charmantes promenades. De chaque point de l'établissement on jouit des vues les plus pittoresques. Au sud, les charmantes collines de l'Apennin, à l'ouest la ville de Reggio, à l'est la petite rivière de Radano, sur le bord de laquelle on voit s'élever la maison de plaisance de l'Arioste.

» Le régime alimentaire n'y laisse rien à désirer. Les soins de propreté y sont irréprochables. »

On comprend que, dans les conditions hygiéniques que notre confrère vient d'énumérer, nonobstant l'influence asthénisante du délire, la pellagre, si on l'y observe, ne puisse être qu'antérieure à l'admission. C'est ce qui résulte, en effet, des observations du Dr Galloni.

Cet honorable confrère termine sa note de la manière suivante :

« Dans ce pays où l'agriculteur est dans un certain état d'aisance, nous avons bien peu de pellagreux. Le nombre, cependant, semble s'en accroître. Ils viennent de la partie occidentale de la province, c'est-à-dire du côté de Parme et des vallées du Pô. Il n'y a en ce moment à l'établissement de St-Lazare que deux cas.

» Je ne partage pas l'opinion de ceux qui regardent comme cause de la pellagre l'usage exclusif du' maïs ou du maïs mal soigné, recueilli humide, ou altéré par le cryptogame *sporisorium* du maïs, *verdi di rame* des italiens.

» Je crois à l'influence morbifique du maïs ainsi altéré sur l'économie animale, mais je ne pense pas que seule elle puisse produire la pellagre. Pour moi, la pellagre est une maladie cérébro-spinale, primitive, certainement phlogistique au moins dans son début et dont la cause est jusqu'à présent inconnue.

» Selon mon opinion, les dérangements intestinaux et cutanés dans cette maladie ne sont que secondaires. Je le pourrais prouver à l'aide d'arguments incontestables qui n'auraient pas leur place ici, ne m'appuyant pas sur l'expérience faite dans mon établissement qui n'a reçu qu'un petit nombre de pellagreux (77 sur 1009 aliénés admis du 1er janvier 1822 au 31 décembre 1844, en 23 ans); mais sur celle que j'ai acquise pendant plusieurs années à Pavie et à Milan, et dans ma longue carrière médicale.

» Si vous me demandez quelle est la forme habituelle du délire chez nos pellagreux, je vous répondrai

que, comme dans le Milanais c'est la forme lypémani-
aque avec penchant au suicide. »

Province de Parme. — N'ayant pu visiter cette partie de l'Italie où la pellagre est aussi endémique, j'extrais d'une note que M. le professeur Riva, médecin en
chef, directeur de l'asile des aliénés de Parme, a bien
voulu me remettre en 1846, le passage ci-après :

« La sixième partie des morts dans mon établissement appartient aux pellagreux; parmi lesquels morts
de la pellagre les hommes sont aux femmes comme 1
est à 2,004.

» La forme prédominante de l'aliénation mentale
chez les pellagreux est la mélancolie.

» La pellagre est avec l'hérédité et les excès alco-
oliques la cause principale de l'aliénation mentale et
elle contribue à faire prédominer les causes physiques
sur les causes morales de cette affection dans le duché
de Parme et de Plaisance.

» Je n'attribue pas le développement de la pellagre
au seul usage du maïs, mais bien à l'ensemble de plusieurs circonstances telles que l'habitation malsaine,
l'insolation, l'humidité, l'excès de fatigue, la mauvaise
alimentation, toutes circonstances inhérentes à la vie
des paysans, surtout de ceux de la plaine. »

VÉNÉTIE.

Lorsqu'en visitant le royaume Lombardo-Vénitien
en 1846, je portai mon attention sur la pellagre que je
ne connaissais que de nom, je ne me proposai, je l'avoue,
qu'un but de curiosité scientifique et je n'avais nullement l'intention de traiter une matière que l'ouvrage

de M. Roussel semblait alors avoir épuisée. L'étude des cas de pellagre qui m'ont été soumis par nos confrères à Venise et à Milan n'a donc pas été aussi approfondie que si j'avais prévu l'intérêt que je prendrais un jour à cette question, et j'espérais la compléter dans le cours du voyage que j'avais entrepris dans ce but l'année dernière.

La guerre ne me l'ayant pas permis, je suis obligé de suppléer aux données que j'aurais recueillies dans ce voyage par un emprunt à des documents rapportés de mon précédent voyage.

A un degré moindre, sans doute, que dans le Milanais, mais encore très notable, la pellagre est endémique dans la Vénétie. Je ne puis en la considérant d'une manière générale, préciser la proportion du nombre des pellagreux avec le chiffre de la population, mais je crois qu'elle peut se déduire du tableau suivant où la pellagre est considérée comme cause d'aliénation.

Ce tableau fait partie de la statistique de l'établissement des femmes aliénées de Venise pour la période de 1837 à 1843, par le Dr Fasseta-Valentino, ancien médecin en chef de cet établissement.

Ce même tableau fait connaître le nombre des pellagreux devenus aliénés, en distinguant les diverses provinces de la Vénétie et dans ses rapports avec les diverses formes de l'aliénation mentale. On y voit que les provinces de Padoue, de Trévise et d'Udine sont celles qui fournissent le plus d'aliénés pellagreux. Quant à la forme d'aliénation prédominante, d'après ce tableau, ce serait d'abord la stupidité, la manie viendrait ensuite, puis la mélancolie.

Mais, comme on y fait rentrer parmi les stupides pro-

TABLEAU INDICATIF

De la patrie et des diverses formes de la cause physique prédominante (pellagre)
avec la moyenne sur 100 habitants.

POPULATION.	PATRIE.	MOYENNE Par 100 habitants.	MANIE					MONOMANIE.					MÉLANCOLIE.				
			Existants au 1er janvier 1837.	Entrés.	Sortis.	Morts.	Restants au 31 décemb. 1843.	Existants au 1er janvier 1837.	Entrés.	Sortis.	Morts.	Restants au 31 décemb. 1843.	Existants au 1er janvier 1837.	Entrés.	Sortis.	Morts.	Restants au 31 décemb. 1843.
			Pendant les 7 années.					Pendant les 7 années.					Pendant les 7 années.				
396,559	Udine.	0,0148	3	21	7	12	5	»	»	»	»	»	1	8	1	6	2
321,831	Vicence.	0,0080	1	12	3	6	4	»	»	»	»	»	»	5	3	2	»
259,145	Padoue.	0,0380	2	36	14	20	7	»	4	2	1	1	»	28	14	13	1
288,286	Vérone.	0,0034	»	2	1	»	1	»	»	»	»	»	2	1	2	1	»
284,408	Trévise.	0,0158	1	13	4	6	4	»	»	»	»	»	»	9	4	3	2
258,818	Venise.	0,0086	1	13	3	8	3	»	1	»	1	»	»	4	1	»	3
141,066	Rovigo.	0,0028	»	2	»	2	»	»	»	»	»	»	»	2	»	2	»
137,852	Bellune.	0,0029	»	2	»	2	»	»	1	»	1	»	»	1	»	1	»
	Total		8	103	31	56	24	»	6	2	3	1	3	58	25	28	8

PATRIE.	IDIOTISME.					STUPIDITÉ.					DEMENCE.					TOTAL.				
	Existants au 1er janvier 1837.	Entrés.	Sortis.	Morts.	Restants au 31 décemb. 1843.	Existants au 1er janvier 1837.	Entrés.	Sortis.	Morts.	Restants au 31 décemb. 1843.	Existants au 1er janvier 1837.	Entrés.	Sortis.	Morts.	Restants au 31 décemb. 1843.	Existants au 1er janvier 1837.	Entrés.	Sortis.	Morts.	Restants au 31 décemb. 1843.
	Pendant les 7 années.					Pendant les 7 années.					Pendant les 7 années.					Pendant les 7 années.				
Udine.	»	»	»	»	»	1	25	10	13	3	»	»	»	»	»	5	54	18	31	10
Vicence.	»	»	»	»	»	1	7	2	5	1	»	»	»	»	»	2	24	8	13	5
Padoue.	»	»	»	»	»	1	36	16	16	5	1	»	»	»	1	4	106	45	50	15
Vérone.	»	»	»	»	»	»	5	1	2	2	»	»	»	»	»	2	8	4	3	3
Trévise.	»	»	»	»	»	»	16	8	7	1	»	3	1	2	»	1	41	17	18	7
Venise.	»	»	»	»	»	»	5	3	1	1	»	1	»	1	»	1	21	7	11	7
Rovigo.	»	»	»	»	»	»	»	»	»	»	»	»	»	»	»	»	4	»	4	»
Bellune.	»	»	»	»	»	»	»	»	»	»	»	»	»	»	»	»	4	»	4	»
Total	»	»	»	»	»	3	94	40	44	13	1	4	1	3	1	15	265	99	131	47

TABLEAU COMPARATIF

Des causes physiques de la mort suivant les diverses formes d'aliénation mentale.

RAPPORT du nombre des décès avec le chiffre de la population.	CAUSES DE LA MORT.	Manie.	Monomanie.	Mélancolie.	Idiotisme.	Stupidité.	Démence.	TOTAL.
0.0028	Affection organ. du cœur.	»	2	1	»	2	1	6
0.0018	Apoplexie.	2	1	»	»	1	»	4
0.0009	Artrite	2	»	»	»	»	»	2
0.0004	Hydartrôse	»	1	»	»	»	»	1
0.0009	Abcès	2	»	»	»	»	»	2
0.0084	Bronchite	9	1	3	»	5	»	18
0.0004	Cancer de l'utérus	1	»	»	»	»	»	1
0.0065	Catarrhe pulmonaire	3	2	4	»	5	»	14
0.0028	Choléra-morbus	2	2	»	»	2	»	6
0.0004	Délirium tremens	1	»	»	»	»	»	1
0.0004	Dyssenterie	1	»	»	»	»	»	1
0.0009	Encéphalite	1	1	»	»	»	»	2
0.0550	Entérite	43	14	20	3	30	7	117
0.0056	Epilepsie	4	»	»	2	6	»	12
0.0004	Hernie	»	»	»	»	1	»	1
0.0042	Fièvre gastrique	3	3	1	»	2	»	9
0.0028	Fièvre nerveuse	3	»	1	1	1	»	6
0.0004	Affection du foie	»	»	»	»	1	»	1
0.0028	Gangrène	4	»	1	»	1	»	6
0.0075	Hydropisie	2	3	4	»	4	2	15
0.0484	Marasme	34	15	20	2	24	8	103
0.0004	Métrite	1	»	»	»	»	»	1
0.0229	Paralysie	13	2	8	»	22	2	47
0.0131	Pellagre	15	1	4	»	8	1	29
0.0004	Pleurésie	»	»	«	»	1	»	1
0.0014	Pneumonie	»	2	1	»	»	»	3
0.0004	Rhumatisme	»	»	1	»	»	»	1
0.0277	Scorbut	25	8	14	1	9	2	59
0.0004	Scrofule	»	1	»	»	»	»	1
0.0004	Syphilis	1	»	»	»	»	»	1
0.0061	Phthisie pulmonaire	7	»	4	»	2	»	13
0.0018	Variole	»	2	1	»	1	»	4
0.0009	Varioloide	1	»	»	»	1	»	2
	TOTAL	180	61	88	9	129	23	490

Ce tableau soulève les mêmes observations que le précédent. Il est regrettable que dans l'un et l'autre notre confrère n'ait pas distingué parmi les maladies physiques celles qui sont survenues depuis l'admission et incidemment à l'aliénation mentale, de celles que l'on peut considérer comme antérieures à l'admission, si ce n'est comme préexistantes à l'aliénation mentale. Mais, tels qu'ils sont, ces tableaux ont une valeur que le lecteur appréciera,

Dans la visite que je fis en 1846, accompagné du professeur Riva, de Parme, et du docteur Fasseta, de l'hôpital civil St-Jean et St-Paul qui réunissait autrefois les aliénés des deux sexes et qui, à l'époque de cette visite, ne contenait plus que les femmes, plusieurs pellagreux me furent signalés, et je dois dire que les altérations pathologiques qu'ils m'ont présentées ne m'ont pas semblé plus caractérisées que celles que j'ai observées depuis dans des cas de cachexie des aliénés à forme pellagreuse.

Le médecin du service étant alors absent, on ne put me préciser le nombre des pellagreux existants en ce moment dans l'établissement.

Mais, dans l'hôpital San Servolo, qui, depuis quelques années reçoit les hommes aliénés, j'ai relevé les chiffres suivants :

Pellagreux	50
Épileptiques	30
Idiots	15
Mélancoliques, suicides. . .	6
Monomanes ambitieux . . .	10
Paralysés généraux	3
Monomanes religieux . . .	20
Maniaques ou déments. . .	275

En tout 409 malades le 24 juillet 1846.

MILANAIS.

Province de Bergame. — M. le Dr Brugnoni, médecin en chef de l'asile d'aliénés d'Astino, le seul de la province, a bien voulu suppléer à la visite que je n'ai pu faire de cet établissement et de cette partie du Milanais, par l'envoi d'une note d'où j'extrais les passages suivahts :

« Les pellagreux abondent en proportion effroyable dans les 18 districts de la province de Bergame.

» Le maïs y est d'un usage commun toujours sous forme de bouillie, non-seulement chez les paysans pour lesquels il constitue la principale nourriture, mais encore chez les bourgeois et même chez les personnes les plus riches et le plus haut placées, sur la table desquelles il figure journellement.

» Selon moi, la cause de la pellagre est complexe, ses éléments principaux sont : 1º L'hérédité; 2º la misère avec ses suites inévitables, travaux rudes et prolongés, alimentation malsaine et insuffisante, insolation, mépris des soins personnels, insalubrité des maisons et habitation dans les étables pendant l'hiver.

» La moyenne des pellagreux aliénés admis dans l'établissement s'élève aux 3/5 environ de la population entière de ce même établissement.

» Dans la majorité des cas la folie ne se manifeste qu'un grand nombre d'années après la première apparition de l'affection pellagreuse, dans très peu de cas la folie survient à l'époque de la manifestation de la pellagre.

» Si, par *nature* on entend la condition pathologique

du délire pellagreux, pour moi, comme pour Broussais, c'est une irritation idiopathique des méninges et quelquefois de la substance cérébrale.

» Si par *nature* on entend la forme extérieure et sensible du délire pellagreux, voici, d'après mon observation, par ordre de fréquence, sous quelles formes se présente ce délire : 1º Mélancolie avec stupeur; 2º Mélancolie religieuse, superstitieuse, avec idées de damnation éternelle, avec tendance au suicide par la strangulation ou en se noyant; 3º manie bruyante avec tendances érotiques et prédominance d'idées de félicité et de grandeur.

» A quelques exceptions près, les autopsies sont à l'ordre du jour dans notre établissement. On trouve très fréquemment chez les pellagreux des adhérences et des injections sanguines des méninges, des épanchements séreux ou plastico-séreux dans les méninges et entre les circonvolutions cérébrales, un aplanissement de ces mêmes circonvolutions.

» On observe aussi chez eux, rarement, des altérations de la substance cérébrale, plus fréquemment des altérations dans la consistance du cervelet, de la moëlle allongée et de la moëlle épinière (1).

» Lorsque la paralysie pellagreuse est associée au marasme avec contracture et rétraction des membres pelviens, on trouve constamment la moëlle épinière très ramollie dans des points variables et même dans sa totalité et ayant acquis une couleur cendrée ou jaunâ-

---

(1) Bien que l'auteur ne s'explique pas à cet égard, il me paraît évident qu'il emploie ici le mot *consistance* dans le sens de *solidité*, fermeté, dureté, et, qu'en conséquence, *altération dans la consistance* signifie : *ramollissement*.

tre plus ou moins prononcée, suivant le degré plus ou moins avancé du ramollissement qui, quelquefois, va jusqu'à l'état de bouillie.

» Je n'ai qu'une seule observation d'aliéné devenu pellagreux depuis son entrée dans l'établissement. Elle se trouve dans l'opuscule que j'ai envoyé à M. Billod.

» La période d'exacerbation des symptômes de la pellagre coïncide quelquefois avec une modification dans le délire. Dans ce cas, le délire prend la forme double ou circulaire de quelques aliénistes français. »

» Nous observons ici, surtout dans certaines années, quelques formes érythémateuses plus ou moins étendues, autant chez les aliénés pellagreux que chez les aliénés qui ne le sont pas. Ces érythèmes se présentent isolés, ou accompagnés par la diarrhée et alternant avec elle, ou suivis par la diarrhée.

» Ils ont pour siége diverses parties mais particulièrement le dos des pieds et le tiers inférieur des jambes. Quelquefois ils se montrent sur le dos des mains, sur la face, sur la poitrine.

» Nous ne pouvons pas accuser l'insolation d'être toujours la cause de ces symptômes, car on a le plus grand soin de soustraire continuellement les malades à l'action du soleil dès qu'ils s'y exposent. Ces éruptions, qui s'observent surtout chez les aliénés atteints de mélancolie, de démence et de tendance au suicide, sont causées, selon nous, par les habitudes de malpropreté et les gastro-entérites chroniques. »

Milan. — Les observations auxquelles j'avais l'intention de me livrer au grand hôpital de Milan, qui reçoit chaque année un si grand nombre de pellagreux, ne pouvaient avoir pour but que de constater le degré d'analogie que pouvait présenter la pellagre observée dans ses types les mieux caractérisés avec l'affection que j'ai décrite comme une variété de pellagre propre aux aliénés et que j'ai considérée depuis comme une des formes de la cachexie des aliénés.

Je comptais aussi recueillir quelques données sur l'étiologie de cette affection, mais, après les remarquables travaux qu'ont publiés Fanzago, Strambio, Fonteneti, les deux Calderini, Verga, Clerici, Roussel, Brierre de Boismont etc., toute autre prétention de ma part eût été inadmissible.

Le but de mon voyage sous ce rapport n'ayant pu être atteint, je suis obligé d'y suppléer par des données recueillies dans le voyage que j'ai fait en 1846.

Pendant les visites que je fis au grand hôpital dans les salles de pellagreux, accompagné pendant l'une d'elles par les docteurs Calderini, mon attention a été dirigée sur une dizaine de cas de pellagre à diverses périodes depuis le degré le plus simple jusqu'à l'état de cachexie et de marasme le plus avancé. Je ne dirai pas que j'aie jamais observé depuis dans aucun des cas de l'affection que j'ai décrite comme une variété de pellagre propre aux aliénés, des altérations aussi tranchées que chez quelques pellagreux de ce service : chez un, surtout, dont la peau présentait une teinte noire et basanée générale avec des plaques blanches tranchant avec cette teinte aux mains et aux avant-bras, le tout coexistant avec un degré de maigreur et d'émaciation vraiment caractéristique (l'état parcheminé et le défaut d'élasticité étaient aussi prononcés que possible).

Mais, au-dessous de ces cas extrêmes et parmi les cas

moyens, je puis dire que j'en ai vu de moins caractérisés que quelques uns de ceux que j'ai observés à
Rennes ou à Ste-Gemmes.

En raison de la spécialité de mes études, je ne pouvais, pour l'observation de la pellagre, me borner à la
visite du grand hôpital; je devais voir aussi et je visitai, en effet, les pellagreux de la Senavra.

Le médecin en chef de cet établissement était alors
le Dr Capsoni, qui m'a paru navré des déplorables conditions hygiéniques de cet ancien couvent de Jésuites
mal approprié à sa nouvelle destination.

Je n'ai point à faire connaître un établissement dont
la réputation sous le rapport de son hygiène est si tris-
tement célèbre et dont la suppression est heureuse-
ment décidée depuis plusieurs années; mais je dirai
qu'à l'époque où je l'ai visité, on m'a signalé, comme
y sévissant simultanément, des endémies de fièvres in-
termittentes, de goître, de pellagre, de phthisie, de
scorbut et de diarrhée.

A l'égard de la pellagre, on m'a montré quelques cas
qui s'étaient manifestés dans l'asile, et j'avoue, qu'encore bien que l'aliénation mentale dans ces cas ait été
primitive, je ne crois pas pouvoir les invoquer à l'appui de mon opinion, les considérant plutôt comme in-
cidents que consécutifs au délire, tant les conditions
hygiéniques propres à l'établissement paraissaient sus-
ceptibles de les produire à elles seules indépendamment
de toute influence exercée par l'aliénation mentale elle-
même.

J'ai constaté, d'ailleurs, à la Senavra, que la forme
du délire prédominante chez les pellagreux aliénés était
celle qu'on lui a généralement attribuée, à savoir la

forme mélancolique avec penchant au suicide par submersion et quelquefois à l'homicide. On m'a signalé un pellagreux qui avait tué une femme.

L'opinion de nos confrères lombards sur l'étiologie de la pellagre était alors que l'usage du maïs constituait une des causes, mais que cette cause n'était ni unique ni exclusive et je sais que cette opinion prédomine plus que jamais aujourd'hui.

Il me paraît intéressant à ce propos, de reproduire le rapport présenté au congrès scientifique de Milan, en 1844, par la commission chargée d'examiner le mémoire du Dʳ Balardini (1). Bien que la date de ce rapport, généralement peu connu en France, soit déjà ancienne, on verra que les arguments sur lesquels il s'appuie, sont loin d'avoir vieilli.

« La présidence de la section de médecine nomma une commission composée des docteurs Capsoni, le chevalier Trompeo, Charles-François Calderini, Émile Casanova et Moïse Rezzi, pour examiner les preuves avancées par le Dʳ Balardini, dans un mémoire intitulé : *Arguments et faits démontrant que le blé de Turquie est la vraie cause de la pellagre, et moyens propres à arrêter les progrès de cette maladie endémique dans les provinces de la Lombardie.*

» M. Balardini avait lu la première partie de ce mémoire dans la séance du 13 septembre. L'examen des arguments allégués, les recherches soigneuses et les interpellations de quelques-uns des membres les plus versés dans l'étude de la maladie en question, mettent la commission en mesure de se prononcer sur

(1) Rapport de la commission chargée d'examiner un rapport du Dʳ Balardini, sur la pellagre.

la valeur des observations d'après lesquelles, suivant l'auteur, la pellagre dépendrait de l'usage du maïs, particulièrement lorsque, après la récolte, il est atteint de la maladie appelée vulgairement *vert de gris*.

» Les arguments du Dr Balardini, sont les suivants:

» 1° *Le mal pellagreux n'est pas ancien. C'est de notre temps et peu après l'introduction et la généralisation du blé de Turquie qu'il s'est manifesté et propagé.*

» La commission ne recherchera pas si la pellagre s'est montrée dans nos contrées vers l'époque où le maïs y fut introduit, car, antérieurement au siècle passé, il n'existe que des indications obscures et incertaines sur la pellagre; mais il lui semble qu'il n'est pas suffisamment prouvé que cette maladie ait suivi, dans sa propagation, la culture du maïs, car il est constant qu'il résulte de nombreuses observations que dans plusieurs pays de la haute et de la basse Italie, on fait usage de ce blé, sans qu'on y ait jamais rencontré la pellagre.

» Les habitants du val qui se nourrissent presqu'exclusivement de chataignes sont les plus atteints par la pellagre; au contraire, les paysans de la province montagneuse de Biello, qui se nourrissent presqu'exclusivement de blé de Turquie, sont exempts de cette affection.

» Il en est de même pour les provinces de Cuneo, de Varallo et de Pallanza. Dans la terre de Cetona, située à l'extrémité du val de Chiana, les 4/5 au moins de la population, d'octobre en mai, inclusivement, se nourrissent à peu-près de *polenta* seulement, et le reste de l'année, s'ils usent de pain fait avec de la farine de froment, c'est en mêlant à cette farine de la farine de maïs; malgré tout cela, il est certain que les médecins de ce pays, en 1831, n'avaient jamais observé un seul cas de pellagre. Près de la moitié de l'Europe méridionale use du blé de Turquie, et dans une discussion relative à cet aliment, qui eut lieu à l'Académie de médecine, à Paris, les médecins de l'armée convinrent que les meilleurs conscrits proviennent des départements où le maïs est la nourriture habituelle.

» *2° Cette affection sévit avec fureur et d'une manière générale et exclusive dans toutes les provinces de la grande vallée du Pô, où le blé de Turquie est devenu la nourriture générale et presqu'exclusive des paysans.* Au contraire, la commission fait remarquer que, dans la partie basse de la Lombardie, où l'usage du maïs est plus général, la pellagre est moins fréquente, tandis que, dans la partie moyenne de la haute Lombardie, où domine la pellagre, on use du maïs en petite quantité et mêlé avec le millet, le seigle et le sarrasin. Nous pouvons encore ajouter, d'après les renseignements donnés par les médecins de district de ces provinces, que, dans la vallée du Pô, et, surtout, dans sa partie la plus basse qui regarde le territoire de *Lodigiano*, les habitants se nourrissaient, avant 1840, de soupe de riz et de pain de méliga (maïs), et que, après les inondations de 1839, 1840, 1841, la récolte de maïs ayant été assez insuffisante pour que le froment fût devenu relativement à meilleur marché que lui, les paysans abandonnèrent l'usage du pain de méliga pour ne plus manger que du pain de froment.

» Cependant, précisément depuis l'époque de ces inondations, les cas de pellagre se sont beaucoup augmentés et les pellagreux ont parcouru plus rapidement qu'auparavant les phases de cette infirmité.

· » Beaucoup de familles des territoires de Trente et de Genovetato où la pellagre existe, établies en petites colonies dans cette même vallée où elles restent toute l'année, moissonnant ou coupant du bois, n'ont pas présenté un seul cas de pellagre en treize années d'observation; cependant, elles ne se nourrissent que de polenta faite avec le maïs du pays; il y a plus, elles ne peuvent renoncer à cette alimentation sans que leur santé en éprouve un grand préjudice.

» 3° *La pellagre n'existe pas dans quelques pays et même dans une province entière de l'Italie supérieure, la Valtellina, où règnent à un degré égal, supérieur même, les autres causes et influences qui, à l'exclusion du blé de Turquie, sont accusées de produire la nouvelle maladie; or, le maïs, dans ces endroits, est cultivé en très petite quantité et on en use encore moins.*

» L'observation de l'auteur ne constituerait un argument valable que s'il était prouvé que dans ladite province le maïs ne fait pas partie des aliments ordinaires; or, le mémoire en question ne donne aucune preuve de ce genre. On peut, au contraire, lui opposer les faits suivants : Dans les districts moyens et inférieurs de cette vallée, on use en outre de la *polenta* noire, de la *polenta* jaune faite avec le blé de Turquie et le peuple est grand amateur de cette dernière.

» Le maïs cultivé dans cette vallée étant de beaucoup au-dessous des besoins du peuple, on y en introduit de la basse Lombardie; il conste des rapports officiels de la statistique médicale de la province de Sondrio, que, tant pour la ville que pour le district entier, qui est celui de tous où la consommation est la plus forte, l'importation annuelle du froment monte à 5,500 mesures et celle du blé de Turquie à plus du double.

» *4° Ladite maladie épargne ceux qui se nourrissent d'autres aliments et cesse entièrement si l'économie n'est pas trop profondément atteinte chez ceux qui discontinuent l'usage du pain et de la polenta de maïs pour se nourrir d'un autre genre d'aliment.*

» Tout en convenant de la valeur apparente de cet argument, la Commission croit devoir rappeler des faits qui ont été opposés à l'auteur dans la discussion qui a suivi la lecture du mémoire ; elle rappelle qu'on a dit que, si l'usage et l'abus du blé de Turquie produisaient cette maladie, on devrait toujours en trouver les effets sinon identiques, du moins analogues ; que ces effets devraient indiquer, pour le moins, ceux qui ont fait plus ou moins usage du maïs ; elle rappelle que l'auteur a avancé qu'il ne pourrait citer un seul fait d'individu vraiment pellagreux qui n'aurait pas fait un usage habituel du maïs, sous l'une ou l'autre forme (pain ou polenta), ou ne descendrait pas de parents pellagreux.

» Quant aux cas relatifs à des individus qui auraient vu leur pellagre mitigée par la cessation de l'usage habituel du maïs, la Commission fait remarquer que l'auteur, dans ces cas, n'a tenu compte d'aucune des circonstances spéciales dans lesquelles ces individus ont pu se trouver ; circonstances de famille et d'entourage, de position individuelle assez marquée pour leur permettre de changer leur nourriture.

» *5° Enfin, la maladie du blé de Turquie est la plus forte cause de la pellagre. Cette altération du grain, dite vert de gris, produite par une maturité imparfaite, est assez commune chez nous, dans les années froides, pour qu'on considère le maïs comme exotique sous nos climats, tandis qu'il est indigène dans les régions plus chaudes. Cette altération ou maladie, favorisée par l'humidité, en modifie les qualités physiques et chimiques, le rend âcre et propre à causer une forme spéciale de maladie.*

» *Cette altération consiste dans un véritable champignon* propre au maïs (*Sporisorium du maïs*).

» D'après les communications verbales des membres les plus respectés venus à ce congrès, nous pouvons assurer que, dans plusieurs provinces des Deux-Siciles, où, en raison du climat, le maïs atteint un degré plus parfait de maturité, on observe cependant le *vert de gris* du dit grain, vert de gris semblable aux échantillons présentés par le Dr Balardini.

» Pourtant, dans ces provinces où l'usage du blé de Turquie est général, la pellagre est presque inconnue. Dans les provinces de Biella et de Domoduolo qui sont exemptes de pellagre, la maladie du grain est fréquente, parce qu'on l'entasse, vert ou mûr, sur les lieux mêmes où il a été récolté. Bien plus, dans cette ville, on peut trouver du maïs malade provenant de Banato.

» A l'appui de l'opinion que l'unique et vraie cause de la pellagre est l'usage du blé de Turquie, soit vert, soit rabougri, soit atteint de maladie, surtout de vert-de-gris, la commission aurait désiré des faits déduits d'observations sérieuses et d'expériences directes qui auraient prouvé que la pellagre, indépendante des autres causes, est produite par le maïs se trouvant dans l'une ou dans toutes les conditions indiquées plus haut avec des effets variés suivant le degré de ces conditions.

» Des arguments avancés par le docteur Balardini, dans son précieux et érudit mémoire, que la richesse des faits et des observations rend, au milieu de beaucoup d'autres raisons, si recommandable, on peut cependant déduire que là où le maïs constitue presque le seul aliment, là surtout où le blé est plus souvent malade, on observe, en général, le plus souvent la pellagre qu'autre part.

» L'importance de l'argument exigerait qu'il fût discuté après une forte étude ultérieure et des recherches opportunes, afin qu'on pût déterminer avec le secours de la statistique : 1º si le maïs de bonne qualité, seul ou concurremment, est capable de produire la pellagre; 2º quelles sont les formes morbides qu'il peut le plus facilement causer lorsqu'il est vert, rabougri, ou atteint de *vert-de-gris*, l'auteur, notre ami, s'étant borné pour ce cas à parler de sensation de chaleur au palais et de brûlure à l'estomac.

» Pour ces recherches et pour celles qu'on jugerait porter une plus vive lumière dans le champ étiologique de la pellagre, nous proposons une commission permanente, de laquelle seraient correspondants tous les individus, médecins ou non, qui se trouvent en position de recueillir des faits relatifs à la question.

» La commission aurait son siége dans la capitale de la Lombardie, point central et favorable à l'examen des observations envoyées, à cause du nombre considérable de pellagreux qui affluent dans ce grand hôpital. Les membres de cette commission seraient obligés de rapporter annuellement aux congrès scientifiques le fruit de leurs études et de proposer les nouvelles recherches spéciales à faire au point de vue des mesures à prendre pour prévenir et pour guérir la pellagre.

» Une telle proposition, si elle était agréée, ferait du congrès actuel une véritable époque de laquelle dateraient des recherches d'intérêt public dont les effets salutaires rejailliraient en soulagement sur un nombre considérable de colons laborieux, coopérateurs de l'aisance et de la prospérité de nos contrées. La commission émet en finissant le vœu que d'autres médecins, placés dans des circonstances aussi favorables que celles où s'est trouvé le docteur Balardini, suivent son exemple, en faisant tourner leurs études au profit de la médecine publique.

» Le 19 septembre 1844.

» Signé : Ch. doct., Trompeo, doct., Jean Capsoni, doct., Charles-François Calderini, doct., Emile Casanova, doct., Moïse Rezzi, rapporteur. »

En terminant ce qui est relatif à la pellagre en Lombardie, je crois devoir signaler à l'attention des médecins français l'ouvrage récent de MM. Lussana et Brua, sur cette maladie.

En ce qui concerne enfin l'appréciation propre de mes recherches, je ne puis que reproduire ici l'extrait ci-après d'un article publié par M. Verga dans l'appendice psychiatrique de la Gazette médicale de Milan.

» Lorsqu'en 1853, j'ai recherché quelle était la cause de la pellagre ou dans quel ordre nosologique on devait la ranger, j'ai exprimé l'opinion qu'elle occupait à tort dans les anciens cadres nosologiques une place parmi les dermatoses ou parmi les cachexies, et qu'elle méritait au contraire d'être rangée parmi les névroses et tout près des affections mentales. J'étais bien loin alors de croire que je trouverais une confirmation éclatante de cette opinion dans un mémoire publié cette année par M. Billod....

» J'ai soutenu alors que les symptômes digestifs ainsi que l'affection cutanée, d'où le nom de pellagre, pouvaient être regardés comme la conséquence d'un trouble de l'innervation, et j'ai cité, à l'appui de ma thèse, l'exemple de quelques aliénés déjà soignés par moi dans l'asile privé de San Celso qui, sans être pellagreux, offraient sur les mains, au printemps, un épiderme facile à soulever et tombant par larges écailles, comme chez les vrais pellagreux.

» Aujourd'hui, M. Billod nous a annoncé avoir rencontré chez plusieurs individus de l'établissement de Ste-Gemmes, non-seulement une rougeur érythémoïde des parties exposées au soleil, suivie de desquamation, mais encore une complication telle des symptômes digestifs et nerveux, qu'il s'est cru autorisé à admettre dans le même établissement une endémie pellagreuse à laquelle on ne trouve aucune cause prédisposante en dehors de l'aliénation mentale, d'où le nom de pellagre des aliénés qu'il propose de donner à cette affection.

» Peut-être, dit l'auteur, les symptômes sont-ils moins prononcés que dans la pellagre de Lombardie, dont elle serait comme un diminutif; peut-être aussi, en constituant une variété probablement propre aux aliénés, revêt-elle, par suite de cette circonstance, une physionomie particulière. Du reste, il a apporté à l'appui de tels exemples, dont quelques-uns sont très détaillés et accompagnés du résultat de l'autopsie, que le lecteur peut juger par lui-même combien ils sont comparables à notre pellagre.

» Toutefois, comme il exclut de la pellagre des aliénés

toute influence d'habitation, de régime alimentaire et d'hérédité et qu'il l'attribue entièrement à l'action lente du délire, il est permis de demander pourquoi une telle variété ou sous-espèce de pellagre n'a pas été observée dans d'autres asiles.

» C'est aux aliénistes et au temps qu'il appartient de résoudre cette question.

» En attendant, je regarde comme précieuse l'observation de M. Billod, et je me confirme dans mon ancienne idée que la pellagre est une névrose qui touche à la folie et se confond avec elle ; qu'elle reconnait les mêmes causes et que l'érythème pellagreux, qui souvent ne se manifeste que lorsque la maladie est avancée ou récidive, est un effet de la perturbation nerveuse aidée du concours d'autres causes ultérieures. »

PIÉMONT (ANCIENNE DÉLIMITATION).

PROVINCE DE GÊNES. — Le résultat de mes observations dans l'asile des aliénés de Gênes est à peu près négatif sous le rapport de la pellagre. Cinq cas seulement de cette affection avaient été observés, mais chez tous, la pellagre était antérieure à l'admission, et probablement primitive à l'aliénation mentale. C'était dans les premiers temps de l'ouverture de l'asile en 1841, et les sujets venaient de Lombardie. On sait d'ailleurs que la pellagre n'est point endémique dans la province de Gênes.

Aucun cas de pellagre n'est survenu dans l'établissement, et consécutivement à l'aliénation mentale. Mais la fréquence de la diarrhée qu'on m'y signale et qui s'accompagne quelquefois de scorbut, ainsi qu'on l'a observé, surtout de 1855 à 1856, à la suite de l'épidémie de choléra, témoignent de l'existence dans cet établissement de la cachexie spéciale aux aliénés, et si on ne l'y voit pas revêtir la forme pellagreuse plus particulièrement caractérisée par l'érythème spécial, on ne saurait s'en étonner en songeant combien les occasions de subir l'insolation doivent être rares dans un établissement où dix ou douze aliénés tranquilles ou convalescents sur plus de 500 sont seuls occupés à des travaux extérieurs, et où l'insuffisance des préaux, jointe à un défaut de contiguité qui en rend la communication on ne peut plus difficile avec les habitations de jour, ne permet pas de faire jouir les aliénés aussi souvent et aussi longtemps que cela conviendrait à leur hygiène, des bienfaits du grand air.

Comté de Nice. — Le résultat de mes recherches est nul pour le comté de Nice. On m'avait bien dit que dans la petite intendance de St-Rémy, qui fait partie de cette province, il régnait une endémie de pellagre, pour laquelle existait un hôpital dans la ville de Saint-Rémy, chef-lieu de cette intendance. Mais après plus ample informé, j'ai appris que ce que l'on m'avait présenté comme un hôpital de pellagreux était une léproserie contenant environ une quarantaine de lépreux.

Savoie. — Quant à la Savoie, M. le Dr Fisier, qui a succédé dans la direction de l'asile de la Savoie à notre si regrettable ami le Dr Duclos, m'assure qu'il n'a jamais vu de pellagreux, mais, et je note ce point essentiel pour l'objet particulier de nos recherches, que quelques aliénés, surtout les lypémaniaques, présentent sur la face dorsale des mains une éruption érythémateuse que notre confrère attribue à l'insolation, « car elle disparaît habituellement pendant l'hiver... »

L'alimentation par le maïs, dans le pays, est, dit-on, exceptionnelle.

TURIN. — IVRÉE. — La pellagre est assez rare dans la province de Turin, mais elle est endémique dans celle d'Ivrée. L'alimentation par le maïs y est en usage. Pour nos confrères du Piémont, comme pour ceux de Lombardie, c'est une des causes principales, mais elle n'est pas unique et exclusive. L'endémie pellagreuse résulte, suivant eux, d'un concours de conditions hygiéniques dans lesquelles l'usage du maïs n'entre que pour une part.

Cette opinion est celle de notre éminent collègue, M. le docteur Bonacossa, médecin en chef de l'asile des aliénés de Turin.

Indépendamment des cas où la pellagre est primitive à l'aliénation mentale et que ce médecin a assez souvent occasion d'admettre dans son établissement, il compte, m'assure-t-il, chaque année, une dizaine de cas dans lesquels, plus ou moins longtemps après l'admission, on remarque des altérations de la peau et du tube intestinal qui, par leur forme, leur siége, l'ensemble de leurs caractères, l'époque de leur invasion ou de leurs exacerbations, qui est le printemps, la succession de leurs symptômes, leurs lésions anatomiques, leur terminaison habituelle par la mort, offrent avec la pellagre proprement dite des analogies telles que l'on peut les considérer comme une *variété spéciale de cette affection, une sous-espèce.*

Cela s'observe, dit M. Bonacossa, chez des individus qui n'avaient présenté aucun symptôme de pellagre antérieurement à l'admission.

Je n'ai pas besoin d'insister sur la valeur d'une telle déclaration dans la bouche d'un confrère aussi autorisé par son savoir et que sa position met à même d'observer des exemples des deux affections et de les comparer entr'elles.

Notre confrère trouve dans ces cas des ramollissements de la moëlle épinière, sans pouvoir spécifier la substance

Les femmes sont plus souvent affectées que les hommes de cette sorte de pellagre. Chez quelques sujets, il a observé une teinte générale de la peau rappelant assez exactement lés caractères de la peau dite *bronzée d'Addison.*

Les altérations dont il s'agit ne s'observaient que chez les indigents et l'on peut dire que les conditions de misère antérieure avaient préparé l'action prédisposante du délire pour leur production. A mesure que les conditions du régime se sont améliorées, il a vu ces accidents diminuer de fréquence.

Il a observé assez souvent aussi des altérations successivement papuleuses, pustuleuses avec induration de la peau, semblables à celles que m'a signalées M. Girard.

Elles lui ont toujours paru coïncider avec un état de cachexie très prononcée.

Le nombre des aliénés cachectiques, dont plusieurs avaient la peau diversement altérée, fut telle en 1847 (150 environ), que M. Bonacossa crut devoir appeler sur ce fait l'attention des directeurs et provoquer la nomination d'une commission pour examiner cet état de choses et se prononcer sur l'opportunité ou plutôt sur l'urgence des modifications de régime propres à y rémédier ou tout au moins à les atténuer, et proposées par notre confrère.

Cette commission, dont le professeur Riberi fit partie, se livra, pendant plusieurs mois, à un examen attentif de la question et fit un rapport dans lequel les diverses altérations dont il vient d'être parlé sont relevées avec soin.

Je n'ai pas besoin d'ajouter que les conclusions de ce rapport tendirent à l'adoption des mesures indiquées par M. Bonacossa.

Notre confrère a constaté dans ces cas un fait curieux, c'est la fréquence de l'héméralopie.

Il résulte de l'exposé qui précède que la pellagre est endémique à des degrés divers, dans les provinces de Pérouse, d'Urbin et de Pesaro des États de l'Église ; dans une partie de la Toscane (Romagne Toscane et Mugello), dans la Romagne, dans l'Émilie, dans la Vénétie, dans le Milanais, dans une partie du Piémont et que les autres parties de l'Italie semblent jouir, sous ce rapport, d'une certaine immunité ;

Que dans les pays où la pellagre est endémique, elle constitue une des causes les plus fréquentes de l'aliénation mentale chez les individus admis dans les établissements d'aliénés ;

Que l'aliénation mentale se montre plus ordinairement dans les dernières périodes de la pellagre et revêt le plus souvent la forme mélancolique ; mais qu'on peut l'observer aussi au début et avec la forme maniaque, comme dans une des deux observations du docteur Michelozzi de Florence ;

Que le penchant au suicide n'accompagne peut-être pas aussi souvent qu'on l'a prétendu l'aliénation mentale des pellagreux, et qu'enfin la mort par submersion n'est peut-être pas aussi souvent non plus qu'on l'a dit, celle que choisissent les aliénés pellagreux qui présentent ce penchant ;

Que nos recherches sur une cachexie spéciale aux aliénés avec altération rappelant plus ou moins exactement la pellagre, sont confirmées par des observations recueillies dans plusieurs établissements et notamment dans ceux de Florence, d'Astino et de Turin ;

Que l'alimentation par le maïs avec ou sans altération par le verdet, suivant l'opinion générale des médecins italiens, si compétents dans une question pour laquelle ils ne sont pas réduits, comme la plupart des médecins français, à des vues purement théoriques, est une des causes principales de la pellagre, mais que cette cause est *loin d'être unique et exclusive* ;

Que la cause de la pellagre est pour ces mêmes médecins complexe et variable, c'est-à-dire qu'elle résulte du concours d'un ensemble de conditions hygiéniques dans lesquelles l'usage du maïs n'entre que pour une certaine part.

Que le ramollissement de la moëlle épinière que j'ai noté comme se manifestant le plus ordinairement dans les cas de cachexie des aliénés, surtout de forme pellagreuse, s'observe aussi chez les vrais pellagreux, ainsi que l'avait constaté M. Brierre de Boismont, dans les quatre autopsies faites par lui à l'hôpital de Milan ;

mais qu'il ne paraît pas exclusif à la pellagre, c'est-à-dire, qu'on l'observe quelquefois dans des conditions diverses d'aliénation mentale, plus ou moins indépendantes de cette affection.

Nous croyons devoir faire suivre ce rapport des observations ci-après, qui nous ont été transmises depuis l'année dernière par quelques-uns de nos collégues en France, et qui viennent ajouter un nouveau contingent de preuves à celles que nous avons déjà rapportées, il y a un an, dans les *Annales médico-psycologiques*, à l'appui du fait signalé par nous.

Je terminerai cet exposé par les observations auxquelles je me suis livré dans mon propre service depuis la même époque.

Ce nouveau contingent de faits se compose :

1° De 15 observations qui m'ont été envoyées par M. le Dr Auzouy, et qui ont été recueillies sous sa direction par M. Kuhn, interne du service dans la section des hommes de l'asile de Maréville.

La première de ces observations complète celle que j'ai publiée sous le n° 10, dans mon mémoire des Annales, par le relevé de la nécropsie qui a révélé un ramollissement de la moëlle.

Les nécropsies dans les observations n°s 2, 3, 5, ont révélé le même ramollissement. Dans les n°s 3 et 5, le cerveau, à un degré moindre toutefois, était aussi ramolli.

Le ramollissement a manqué dans l'autopsie du n° 4. Dans les autres cas l'autopsie n'a pu être faite.

Dans toutes les observations de notre confrère, les symptômes ne sont pas tous également accusés, et je resterai sur la même réserve, quant à leur nature pellagreuse, que pour toutes celles que j'ai recueillies dans mon service, ne croyant trop devoir rappeler que l'espèce morbide à laquelle je rapporte les altérations que le premier je crois avoir signalées à l'attention de mes collègues, n'est pas présentée par moi comme constituant la pellagre proprement dite, mais bien comme une espèce morbide distincte et n'ayant, *peut-être*, avec cette affection, que des analogies.

Mais, sous cette réserve, on ne saurait méconnaître que les observations dont il s'agit confirment pleinement le fait que j'ai voulu mettre en lumière.

2° Des observations publiées par M. le Dr Teilleux, dans la lettre qu'il nous a adressée *(Annales médico-psycologiques, cahier d'avril* 1860), observations que je considère comme on ne peut plus caractéristiques, mais pour lesquelles j'exprime toujours la même réserve que pour les miennes, quant à leur interprétation.

3° De deux observations qui m'ont été transmises par M. le Dr Berthier, dont l'une lui a été communiquée par M. le Dr Bouveret et dont l'autre a été recueillie par lui-même dans les asiles de l'Ain, dont le service médical lui est confié.

Dans les deux cas, il y avait aliénation mentale, concomitante aux accidents pellagreux ou pellagroïdes, mais dans la première, cette aliénation mentale était primitive, et dans la seconde, elle était consécutive. Nous croyons devoir reproduire ces deux observations, en réservant notre opinion sur le caractère pellagreux des accidents offerts par le sujet de la deuxième, mais sans lui dénier les caractères d'une preuve à l'appui du fait que j'ai voulu établir.

« Obs. 1re. — La femme Félix, domiciliée dans un hameau de la commune de Coustes en Bresse, et âgée de 38 ans, est maigre, épuisée par la misère, n'ayant vécu qu'au sein des plus maúvaises conditions d'hygiène, s'étant nourrrie l'hiver précédent de pommes de terre, de maïs ou de blé noir.

» Il a été impossible de se procurer des renseignements sur la vie pathologique des ascendants directs ou indirects, ni plus de détails sur sa vie pathologique antérieure ;

» La face offre une teinte terreuse : les fonctions de l'intestin sont fréquemment dérangées.

» Le dos des mains, des doigts et des avant-bras (*partie découverte chez nos paysannes*) présente une rougeur vive. L'épiderme est fendillé, pourvu de squammes, laissant distinguer la peau sous-jacente rougeâtre, gonflée et dure au toucher.

» *Un état mental particulier venant à se manifester*, le médecin est appelé.

» Celui-ci trouve la malade dans une attitude qui indique la prostration et avec une physionomie parfaitement en rapport. Elle est triste, mélancolique, dépourvue d'initiative, tantôt assise, tantôt accroupie la tête dans ses mains.

» Elle fait à peine attention aux questions qu'on lui adresse, et se montre indifférente aux besoins de nutrition.

» La diarrhée ne tarde pas à survenir, et la position pécuniaire de cette femme oblige de la transporter à l'hospice de St-Triviers, au mois de mai 1843.

» Quelques jours après se manifeste un délire qui devient

assez bruyant pour forcer à l'isoler de ses compagnes. Puis celui-ci devient violent et la malade s'échappe de l'hospice pour se sauver dans les bois, où son mari la retrouve. On la ramène chez lui : l'état physique et l'état moral empirant, la malheureuse succombe à la fin d'août suivant, au moment où elle allait être placée dans un asile d'aliénés.

« Obs. 2. — Ch..., âgé de 43 ans, entré à St Lazare de Bourg, le 9 juillet 1859.

» Son père, ivrogne consommé, est mort en paralysie et ses frères sont tous ivrognes. Il se livre depuis longtemps à des excès de boisson, ne mangeant presque jamais, couchant le plus souvent à la *belle étoile*, et changeant chaque année sa profession qui fut toujours vagabonde.

» Habitude du corps : pâleur terreuse des téguments, flaccidité des chairs, bouffissure de la face, embarras des mouvements, difficulté d'équilibre, abaissement d'une épaule, la commissure des lèvres est rectiligne, la pupille également dilatée.

» Le malade ne bégaie pas positivement; mais on remarque lorsqu'il parle une espèce de trémulence : on voit qu'il fait jouer avec peine les muscles destinés à l'articulation des mots. La mémoire paraît conservée, la volonté perd sa force et l'intelligence s'affaiblit.

» Le délire est vague,... c'est plutôt une hébétude que du délire proprement dit, ce qui se reflète d'ailleurs sur la physionomie comme dans l'attitude.

» Les fonctions organiques sont empreintes de langueur; le pouls est petit, dépressible; la langue jaunâtre au fond, l'appétit nul, le ventre paresseux, les extrémités inférieures sont froides.

» Ce qui domine cet état est une faiblesse générale qui se caractérise par la difficulté de la marche et l'appréhension du plus léger exercice. On dirait un convalescent de scorbut.

» Ch.... est ainsi depuis plus d'un an, mais, depuis environ deux mois, il souffre dans les jointures des mains et des pieds, et, depuis cette époque, ses mains ont commencé à subir une altération spéciale. La face dorsale, seule, est œdématiée et comme violacée. En certains endroits existe une rougeur érythémateuse qui excite des picotements. Dans la moyenne partie l'épiderme est fendillé, de manière à figurer une mosaïque d'écailles.

» Lors de son entrée à l'asile il présentait cet état.

» Je lui prescrivis un régime tonique, de l'exercice modéré en plein air, à l'ombre, et une portion de vin.

» Le 20, même mois, l'épiderme perd peu à peu ses crevasses : une exfoliation insensible les remplace.

» Le 25, les mains sont lisses et rouges : le malade est pris de diarrhée qui ne persiste pas, ce qui, d'ailleurs, est commun en ce moment.

» Le 29 on remarque quelques idées tristes et décidées de suicide pour la première fois.

» Aujourd'hui, 3 août, les mains sont rougeâtres, on dirait qu'elles ont été, ainsi que le poignet, trempées dans de la couleur, mais lisses, douces et n'ayant que quelques plis semblables à ceux des personnes âgées et qui ont une peau très fine.

» L'état mental reste stationnaire. »

4º D'une lettre de M. le Dr Belloc, directeur-médecin de l'asile d'Alençon qui, sans se prononcer plus que moi sur le caractère pellagreux de ces altérations,

m'assure avoir vu; assez souvent, des déments affectés de desquammation des mains qu'il ne savait à quoi
rapporter. « Je me disais bien, ajoute notre honorable
confrère, dont je reproduis textuellement les judicieu-
ses réflexions, pour ne pas en altérer le cachet : c'est
l'insolation, mais je ne reconnaissais pas là la marche
franche, la desquammation nette du *coup de soleil*. Je
me disais à part moi : quelles modifications de vitalité
la démence imprime-t-elle donc aux tissus ? Les fous
qui sont phthisiques *debout*, qui sont quelquefois ty-
phoïques *debout*, qui meurent de dyssenterie *debout* à
moins qu'on ne s'aperçoive à leurs places qu'ils sont
moribonds, ont une singulière façon de se conduire
dans l'érythême solaire ; mais mes réflexions n'allaient
point au-delà. Maintenant, vous qui avez vu la pellagre
sur place, vous dites : cela ressemble à la pellagre,
appelons-la donc pellagre des aliénés, je ne vois pas
jusqu'ici d'objection sérieuse à vous faire. »

Depuis la publication de mon dernier mémoire dans
les Annales, aucun cas nouveau de l'affection que j'ai
décrite sous le nom de variété de pellagre propre aux
aliénés, ne s'est manifesté, et je ne puis, ainsi que je
l'ai déclaré dans un précédent travail, attribuer ce résultat sanitaire qu'à l'adoption de la mesure qui a eu
pour but de rendre la distribution de vin quotidienne,
d'hebdomadaire qu'elle était. Mais les cas que j'avais
signalés précédemment ont suivi leur cours et plusieurs
se sont terminés par la mort après être entrés dans
une phase de cachexie progressive.

Les autopsies en ont été pratiquées avec soin et elles
ont révélé 3 fois sur 4, un ramollissement de la moëlle.

Ajoutons par contre, que dans deux cas de cachexie

spéciale, les aliénés ayant toujours été exempts de symptômes cutanés, nous avons trouvé ce même ramollissement mais à un degré peu notable.

Les trois cas de cachexie de forme pellagreuse dans lesquels nous avons trouvé un ramollissement très prononcé, correspondent aux observations 2e (page 31), 21e (page 45), et 29e (page 49), de notre mémoire des Archives, numéros de mars 1858 et suivants.

Un des deux cas dans lesquels ce ramollissement n'a pas été observé correspond à l'observation 1re (page 31) du même mémoire.

Bien que le soleil d'Angleterre ne me parût guère susceptible de produire sur les aliénés, même les plus cachectiques, des affections érythémateuses rappelant plus ou moins la pellagre, et que le confortable bien connu des établissements anglais semblât devoir exclure les conditions hygiéniques propres à en favoriser le développement, je ne pouvais négliger, dans un voyage que j'ai fait en Angleterre au mois de mars dernier, de m'enquérir auprès de nos honorables confrères de l'autre côté du détroit et, en particulier, auprès du vénérable docteur Conolly, du résultat de leurs observations sous ce rapport.

Ce résultat a été, comme je m'y attendais, négatif, quant aux susdites affections érythémateuses, mais absolument confirmatif, comme partout ailleurs, quant à l'existence de cet état que j'ai décrit sous le nom de cachexie spéciale et propre aux aliénés, et qui correspond à celui que nos confrères d'outre-Manche désignent sous le nom expressif de *gradual exhaustion* (graduel épuisement).

En terminant ce rapport, je demande à Votre Excellence la permission de remercier d'abord mes honorables confrères d'Italie de l'empressement avec lequel ils ont bien voulu me renseigner sur tous les points que je désirais éclaircir, puis mes honorables collègues d'asiles en France, des communications pleines d'intérêt qu'ils ont bien voulu ajouter à celles que j'avais déjà reçues et publiées l'année dernière, M. le Dr Combes, mon ancien adjoint, MM. Aubert, Huet et Salet, mes internes, du zèle avec lequel ils m'ont secondé dans les recherches nécropsiques et dans le relevé des observations et, enfin, mon excellent ami, M. le Dr Renault du Motley, qui a bien voulu me traduire de l'italien une grande partie des documents que j'ai eu à consulter.

Je suis avec le plus profond respect,

Monsieur le Ministre,

De Votre Excellence,

Le très humble et très obéissant serviteur,

E. BILLOD.

Ste-Gemmes, le 10 mai 1860.

———

Au moment où ce rapport est livré à l'impression, quelques observations m'étant transmises et en ayant recueilli moi-même, sur des cas survenus dans le cours de la période d'éruption et d'exacerbation vernales des accidents pellagreux ou pellagroïdes qui s'écoule depuis les derniers jours de mai, je crois devoir en présenter ici un résumé succinct.

M. le Dr Teilleux, auteur de l'excellent travail sur la pellagre des aliénés, que les lecteurs des Annales médico-psychologiques ont été à même d'apprécier, dans le cahier d'avril dernier, m'écrivait, le 12 juin 1860, que, recherchant avec soin la pellagre chez les aliénés de son nouveau service à Auch, il pouvait jusqu'à présent en compter trois cas ayant quelque chose de pellagreux ou de pellagroïdal. Chez l'un d'eux (ce sont trois hommes), l'élément maladif existait lors de l'arrivée de notre confrère, au commencement de mars; chez les deux autres, l'apparition des symptômes n'a commencé qu'à la fin de mai. Chez l'un de ces derniers l'érythème tend déjà grandement à disparaître, chez l'autre le mal est très actif.

Il semblerait résulter d'ailleurs des premières appréciations de M. Teilleux qu'encore bien que le maïs fût fort en usage dans le département du Gers, la pellagre y est très rare, si tant est qu'on l'y ait vue.

M. le Dr Auzouy, directeur-médecin de l'asile de Pau, m'a envoyé, le 20 juin 1860, le résumé qui suit des notes recueillies jusqu'à l'année 1859 inclusivement par son savant prédécesseur, le docteur Chambert, et par lui jusqu'au 20 juin de cette année inclusivement.

Années.	Cas nouveaux de pellagre.	Décédés.	Guéris.	Non guéris.	Total des pellagreux traités.
1857...	19	14	3	2	19
1858...	16	8	2	8	18
1859...	8	6	1	9	16
1860...	3	1	»	11	12
Totaux..	46	29	6	30	65

(Au 20 juin).

e fait suivre ce résumé des réflexions

11 pellagreux qui sont aujourd'hui en traitement a l'asile, il en est 8 dont l'affection remonte aux années précédentes; il n'y a que 3 nouveaux cas survenus chez des malades nouvellement admis. Ils ont tous fait plus ou moins usage du maïs pour leur nourriture, ce qui semblerait au premier abord corroborer les idées de Balardini. Mais quelque tranchés que soient les symptômes présentés par un certain nombre de ces malades, ils ne sont pas plus accusés que ceux que depuis 5 ans j'ai observés à Ste-Gemmes, à Fains et à Maréville, où l'usage du maïs est à peu près inconnu. Cependant les altérations de toutes sortes que j'y ai remarquées offrent avec celles que j'ai aujourd'hui sous les yeux l'analogie la plus absolue. Rougeur et desquammation du dos des mains; peau luisante parcheminée, fendillée; œdème violacé des extrémités; lenteur extrême de la circulation; exacerbation vernale; troubles graves de l'appareil digestif, diarrhée habituelle, amaigrissement; prostration physique et morale; co-existence d'une forme dépressive de la folie, ou même substitution brusque d'une forme dépressive à une excitation habituelle : tels sont les phénomènes observés chez tous ces malades, qu'ils aient ou non fait usage de maïs comme aliment. Citons quelques exemples pris dans le service médical de l'asile de Pau :

» 1º Dub... Marie, de Tarbes (Basses-Pyrénées), 22 ans, cultivatrice, entrée à l'asile le 20 mai 1860. — Lypémanie avec prédominance d'idées religieuses. — Stupeur, refus obstiné d'alimentation. — Recherche l'isolement. — Emaciation, diarrhée continuelle et incoërcible. — Peau du dos des mains rugueuse, fendillée et s'exfoliant par plaques brunâtres; couleur terreuse de la peau du visage, incapacité absolue pour le travail le plus simple.

» 2º Lan..., Jean Pierre, d'Au... (Basses-Pyrénées), 54 ans, cultivateur, entré le 11 janvier 1859. — Lypépémanie; idées et tentatives de suicide. — Symptômes cutanés de pellagre en 1859, amendés pendant l'hiver, mais reparaissant en mai 1860. — Peau luisante, parcheminée, ratatinée, fendillée, squammeuse. — Diarrhée fréquente et devenue continue. — Marasme diarrhéique laissant redouter une issue funeste et prochaine.

» 3º Dum... Jean, de Maillères (Landes), 50 ans, laboureur, entré le 1er mai 1858. — Manie religieuse, folie héréditaire. — Noté en 1859 comme pellagreux. Valétudinaire et affaibli. — Troubles digestifs coïncidant avec des troubles fort graves de la circulation. — Infiltration des membres inférieurs. — Diarrhée séreuse; teint cachectique; réapparition des symptômes cutanés aux mains sans avoir été exposé à l'insolation.

» Il n'y a pas, comme on voit, la moindre différence entre la pellagre des pays pyrénéens et celle que l'on observe dans les asiles d'aliénés. »

Abordant ensuite la question étiologique, M. Auzouy entre dans quelques considérations desquelles il résulte que, pour lui, comme pour la plupart des médecins aujourd'hui, l'alimentation par le maïs n'est la cause ni unique ni exclusive de la pellagre en général. Quant à la pellagre des aliénés, comme elle constitue une variété distincte et spéciale et qu'un état d'aliénation mentale antérieure est toujours la condition préalable de son développement, notre confrère pense avec nous que l'élément innervateur joue le principal rôle dans sa production, et que les conditions hygiéniques ou autres dont l'influence sur son développement ne saurait être contestée, n'agissent que comme causes adjuvantes et incapables la plupart du temps à elles seules, et indépendamment de toute aliénation mentale préexistante, de la produire. Cette opinion est d'autant plus fondée qu'au dehors des établissements d'aliénés et sous l'influence des conditions hygiéniques les plus déplorables, la pellagre ne se montre que très rarement et d'une manière périodique.

Concluant par analogie de la pellagre des aliénés à la pellagre en général, je suis arrivé aujourd'hui à cette conviction que toute pellagre procède d'un trouble préalable de l'appareil innervateur, et il ne me répugnerait nullement d'admettre que l'action spéciale du maïs altéré par son sporisorium sur le système nerveux fût, après tout, aussi propre que l'aliénation mentale elle-même, à produire ce trouble générateur.

M. le Dr Renault du Mottey qui a succédé à M. Auzouy dans le service médical de la section des hommes à l'asile de Maréville, m'envoyait, le 19 juin 1860, le relevé ci-après des traces (1) pellagreuses qu'il a rencontrées en examinant ses malades avec l'aide de M. Philippe Kuhn, interne.

« Les 12 aliénés pellagreux de Maréville mentionnés

(1) Je n'hésite pas à considérer comme le fait de l'exacerbation vernale les traces d'érythèmes observées par notre honorable confrère, si j'en juge par ce que j'observe à Ste-Gemmes, où toute trace de l'érythème disparaît d'ordinaire à l'entrée de l'hiver, pour reparaître au printemps suivant, quand il reparaît, ce qui n'a pas toujours lieu. Il importe, en effet, de ne pas oublier que l'érythème pellagreux ne

dans votre mémoire inséré en avril 1859 dans les Annales, *sont tous morts*. La relation des autopsies de ces malades qui ont pu être faites, vous a été envoyée par M. Auzouy. Ce dernier vous a envoyé postérieurement 19 observations de pellagre : parmi ces 19 figuraient un certain nombre des 12 observations primitives. Depuis le dernier envoi qu'il vous a fait *aucun pellagreux n'est mort*.

» *Anciens pellagreux.*

» 1º B...., Jean Joseph.—Démence : à l'asile depuis 9 ans.—19 juin 1860 : santé bonne, pas de diarrhée : Ancien érythème, mais la peau du dos des mains depuis le poignet jusqu'aux articulations métacarpo-phalangiennes, est sèche, brunâtre et luisante.

» 2º R....Démence consécutive à la lypémanie-homicide, à l'asile depuis 22 ans. — 19 juin 1860 : santé physique excellente, plus de diarrhée depuis un an. Peau du dos des mains des premières phalanges et du quart inférieur des avant-bras, brune, desséchée, rugueuse et en desquammation.

» 3º R. . . . Imbécillité voisine de l'idiotie.—19 juin 1860 : santé débile sans maladie précise, pas de diarrhée. Pas d'érythème, mais au dos des mains peau luisante, brunâtre, parcheminée.

» 4º W. . . . Imbécillité voisine de l'idiotie.—19 juin

revêt, en général, que dans sa première éruption les caractères de l'érythème aigu et rouge, et que l'altération de la peau se traduit ultérieurement par des caractères tout autres et tels que ceux assignés par M. Renault à ses pellagreux ; on a remarqué, d'ailleurs, que pour les atteintes ultérieures l'action du soleil n'est pas aussi nécessaire que pour la première éruption.

1860 : santé bonne ; travail passable ; pas de diarrhée. Peau dorsale des mains brunâtre, luisante, sèche et offrant des restes de desquammation. »

(Ces quatre malades font partie des observations envoyées par M. Auzouy l'année dernière.)

« Pellagreux nouveaux ou dont M. Auzouy n'a pas envoyé l'observation l'année dernière :

» 1° M. . . . . ., Joseph, 45 ans, domestique, marié, entré le 20 septembre 1843. Démence primitive. —19 juin 1860 : dos de la main gauche : œdème sous-cutané, teinte brun rouge, injection des capillaires, desquammation en quelques points. Dos de la main droite semblable, mais sans œdème. Couché à l'infirmerie, diarrhée rebelle.

» 2° C. . . . ., Joseph, 34 ans, célibataire, militaire. Démence, épilepsie. Entré le 11 juillet 1854. — A été atteint l'année dernière d'érythème au dos des mains avec pustules. —19 juin 1860 : main droite : peau dorsale, l'épiderme est enlevée sur une grande partie, le derme à découvert est couleur lie de vin. Main gauche : peau dorsale luisante, brunâtre, desséchée. Santé très-bonne ; pas de diarrhée.

» 3° B. . . . ., Antoine-Augustin, 28 ans, célibataire. Imbécile ; entré le 29 mai 1848. —19 juin 1860 : peau du dos des mains rougeâtre, luisante avec un peu de desquammation. Ce sont certainement les traces de l'érythème pellagréux dont il a dû être atteint l'année dernière. Santé bonne, pas de diarrhée.

» 4° M. . . . ., Joseph-Toussaint, 90 ans, célibataire. Démence entée sur l'imbécillité. Entré le 20 août 1838. L'année dernière il a été atteint d'érythème pellagreux au dos des mains, d'une manière très marquée; teinte rougeâtre, soulèvement de l'épiderme par de la sérosité, depuis le mois de mai jusqu'aux derniers jours de juillet.—19 juin 1860 : pas encore d'érythème, mais traces évidentes de celui de l'année dernière : teinte rouge; un peu de gonflement du derme et un peu d'exfoliation de l'épiderme. Santé bonne; pas de diarrhée. Même état physique l'année dernière.

» 5º M. . . . , Pierre, 43 ans, marié, vigneron; entré le 19 juin 1860, ancienne dypsomanie, ancien delirium tremens, tendance à la démence.—19 juin 1860: santé bonne, pas de diarrhée. Dos des mains luisant, rugueux, brunâtre et desséché. A-t-il été atteint l'année dernière d'érythème pellagreux? C'est probable, mais on ne peut en être sûr, parce qu'il n'est entré que cette année, il y a 3 mois. »

Enfin à l'asile de Ste Gemmes, contrairement aux espérances que j'exprimais dans le rapport ci-dessus, d'après l'immunité de l'année dernière, l'endémie pellagreuse a de nouveau manifesté sa présence à cette époque d'évolution et d'exacerbation vernales par 18 cas sur lesquels nous comptons 10 éruptions nouvelles et 8 exacerbations. Concurremment nous avons eu une endémie de diarrhée indépendante de toute altération de la peau qui ne m'a pas paru sans connexité avec l'endémie pellagreuse.

Pour apprécier ce nombre de pellagreux il importe de le comparer au chiffre de notre population qui, pour les aliénés seulement, est de près de 700.

Quelques uns de ces cas de pellagre venaient de se produire lorsque j'ai reçu la visite de nos honorables confrères, MM. les Drs Hameau, de la Teste et Landoury de Reims, ce dernier se rendant dans les Landes pour y voir, accompagné du premier, un certain nombre de pellagreux afin de les comparer à ceux qu'il a eu maintes fois occasion d'observer sporadiquement dans sa pratique.

Le travail dans lequel l'éminent professeur de l'école de Rheims doit faire connaître le résultat de ses observations devant paraître presqu'en même temps que celui-ci, je crois pouvoir, sans crainte de le déflorer, déclarer que ses observations lui ont confirmé l'identité absolue de sa pellagre et de la nôtre avec la pellagre des Landes.

Quant au Dr Hameau, il m'écrivait le 29 mai dernier :

« Nous avons pu voir qu'il n'y avait pas de diffé-
» rence entre tous ces pellagreux là et les vôtres ; l'ana-
» logie est si grande que si l'on ne craignait d'être
» trop tranchant dans une matière où vous n'osez
» vous-même vous prononcer, on affirmerait qu'il y a
» identité. »

Je ne saurais enfin terminer cette note sans mentionner l'opinion exprimée par M. le Dr Verga, dans la Revue de l'appendice psychiatrique à la Gazette médicale de Milan, numéro du 4 juin 1860, à propos du travail publié par M. Teilleux dans les Annales médico-psychologiques sur une variété de pellagre propre aux aliénés.

« Connaissant avec quelle facilité, dit notre savant
» confrère, la pellagre trouble le système nerveux en
» produisant un délire mélancolique, je suis porté à croire
» que la variété de pellagre sur laquelle M. Billod a

» éveillé l'attention de ses savants collègues n'est pas
» autre chose au fond que la pellagre elle-même dont
» les premiers symptômes ont passé inaperçus. Tout
» le monde sait que l'altération cutanée est trop peu
» de chose pour qu'un pellagreux se décide à chercher
» un refuge dans un hospice et que le repos à l'ombre
» pendant quelques jours suffit pour la dissiper. Aussi
» serait-il très important que M. Billod suspendît un
» instant ses travaux et s'assurât que les aliénés chez
» lesquels il a observé pour la première fois les alté-
» rations cutanées pellagroïdes n'en ont pas déjà pré-
» senté avant leur entrée dans l'asile. »

Pour répondre à ce dernier paragraphe, je demande à l'honorable directeur du grand hôpital de Milan la permission de lui faire observer qu'appréciant tout d'abord comme lui l'importance de la vérification qu'il me conseille, je m'y suis toujours livré avec la plus scrupuleuse attention et que je suis en mesure d'affirmer qu'aucun des aliénés chez qui j'ai observé des altérations cutanées pellagroïdes, n'en avait présenté avant l'admission et partant avant d'être devenu aliéné; que loin de là, il résulte de mes observations que, toutes choses égales d'ailleurs, les chances pour un aliéné de devenir pellagreux sont d'autant plus grandes que l'admission est plus ancienne : c'est ainsi, que nous en avons vu présenter des symptômes de la pellagre 13 ans après leur admission. Ajoutons encore que parmi nos aliénées devenues pellagreuses, il en est plusieurs qui non-seulement étaient entrées depuis très longtemps à Ste-Gemmes, mais encore qui avaient fait antérieurement un très long séjour à la Salpétrière, à Paris, où elles avaient joui, paraît-il, sous le rapport de la pellagre, de l'immunité la plus complète. Répétons enfin ce que nous avons déjà eu plusieurs fois l'occasion de déclarer, qu'il ne règne aucune endémie de pellagre dans les villages environnants et dans cette région de la France où l'asile est situé.

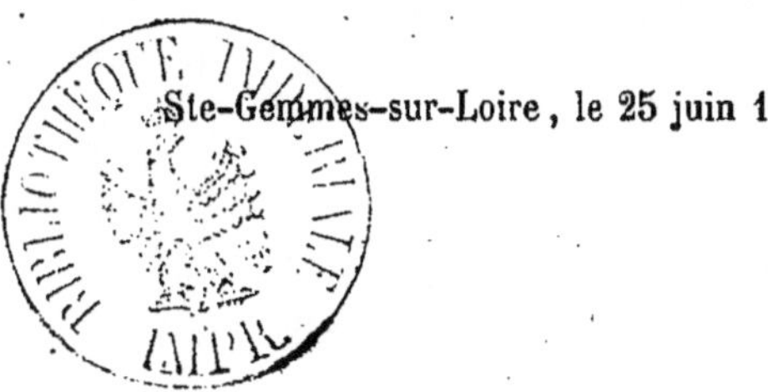

Ste-Gemmes-sur-Loire, le 25 juin 1860.

Angers, Imp. Cosnier et Lachèse.